中国传媒大学"十一五"规划教材

应用软件设计教程

徐 品

李绍彬

蓝善祯

编著

中国广播电视出版社
CHINA RADIO & TELEVISION PUBLISHING HOUSE

图书在版编目（CIP）数据

应用软件设计教程／徐品，李绍彬，蓝善祯编著．—北京：中国广播电视出版社，2009.6
中国传媒大学"十一五"规划教材
ISBN 978－7－5043－5791－5

I. 应… II. ①徐…②李…③蓝… III. 软件设计—高等学校—教材IV. TP311.5

中国版本图书馆CIP数据核字（2009）第027051号

应用软件设计教程

徐品 李绍彬 蓝善祯 编著

责任编辑	王本玉
封面设计	郭运娟
版式设计	张智勇
责任校对	张 哲

出版发行	中国广播电视出版社
电　　话	010－86093580　　010－86093583
社　　址	北京市西城区真武庙二条9号
邮政编码	100045
网　　址	www.crtp.com.cn
电子信箱	crtp8@sina.com

经　　销	全国各地新华书店
印　　刷	高碑店市鑫宏源印刷包装有限责任公司

开　　本	787毫米×1092毫米　1/16
字　　数	384（千）字
印　　张	17
版　　次	2009年6月第1版　2009年6月第1次印刷
印　　数	5000册

书　　号	ISBN 978－7－5043－5791－5
定　　价	31.00元

前　言

　　"软件设计"是学习如何设计一个软件,是"软件工程"中的重要一环。但是要说清楚如何设计一个软件却不是一件很容易的事。在应用软件方面软件的类型实在太多了,按开发规模分类,有个人、3 人左右的小团队、5～10 人的中等团队、企业式团队(几十人)等;按网络方式分类,有单机、C/S(客户机/服务器)、B/S(浏览器/服务器)等类型;按项目来源分类,则有自创自用型、科研型、内部使用型、商业型等;按适用范围可分为独家订做、通用型、行业型,等等。由于各种类型软件的要求不同,实现的目标不同,对软件开发的质量不同,当然,编写方式也是不同的。软件设计课程通常会告诉你编制软件所要遵循的原则,软件开发需要经历哪些工程。但不能期望学完了软件设计,什么软件都能设计了。应该说,通常软件设计这个课程属于方法论范畴,而不是如同电路设计、程序语言设计那样让你学会一项技能。

　　很多读者期望通过软件设计课程的学习,就能学会如何去设计一个软件,但事实上并不那么理想。现在,很多软件设计的论著都致力于对软件开发过程的总结,力求在方法论上找出软件设计的规律,用于指导学习者进行软件设计。这方面最重要的成果应该是 UML(统一建模语言)。这些抽象的法则和设计方法无疑是非常重要的,在本书中也有专门的介绍。但如果对一个没有太多的软件开发经验的大学生或研究生,尤其是非计算机专业的学生来说,这些理论实在是太抽象了,以至于很多学完软件设计的学生感觉没有实质性的收获。这些书本上的软件设计的知识也许要等到从事软件开发两三年以后才有体会,如果那时还记得这些知识的话。

　　但是,要求学习者一定要等到积累了一定经验以后再来学习软件设计的方法是不现实的。根据作者多年的软件开发经验,并通过几年的教学实践,我们认为,对于没有足够编程经验的读者来说,软件设计课程也是可以学习的;但在学习抽象的软件设计方法之前还是要学一些基本的软件设计技巧,让学习者积累一定的经验,然后再去理解抽象的方法论。

　　本书的主要对象是学过C++语言但没有太多开发经验的学生,特别是非计算机专业的学生。可作为大学四年级或新入学的研究生学习软件设计的教材。

　　本书分四个部分,共 11 章。本书采用以实例为主,力求将抽象的设计方法融入到具体程序实现中,让读者从实例中学习软件设计的方法。本书所采用的程序语言是C++,开发工具是VC++,软件设计实例是单机运行的绘图软件。

　　第一部分是"程序设计基础知识"，是由第 1、2 两章组成。主要是 C++ 语言和数据结构的知识提要，供那些 C++ 基础不太好，或学得不够深入的学生复习和深入学习用。其中着重介绍运算符重载、多态性、模板、线性表等概念。如果对这方面很熟的学生，则可以跳过或粗略浏览一遍即可。

　　第二部分是"MFC 编程技术"，是由第 3、4、5 三章组成。主要介绍 MFC 程序调试方法、基本原理及基本的开发技术。使读者对 MFC 程序有一个比较深入的了解。MFC 程序结构提供了一个很好的软件设计范本，我们在了解它的编程技术的同时，也会对 MFC 程序结构有一个比较深刻的印象，这对软件设计的学习是非常有好处的。

　　第三部分是"软件开发实例"，是由第 6、7、8 三章组成。这部分将引导读者开发一个绘图软件系统。该软件虽然很小，但其中包含的数据结构、数据的管理、程序流程等对软件设计的学习者都非常具有借鉴作用。

　　第四部分是"软件工程与软件设计"，是由第 9、10、11 三章组成。这部分将结合前面程序的例子，介绍软件工程的概念和软件设计的方法。后面还着重介绍了 UML 统一建模语言。最后还结合开发实例给出了 UML 的设计方法。从一个具体的开发实例中获得软件设计的思路，从而能够理解软件设计的理论。这就是本书所要追求的目标。其中第一和第二部分(1 至 5 章)是由徐品老师完成；第三部分(6 至 8 章)是由蓝善祯老师完成，第四部分(9 至 11 章)是由李绍彬老师完成。

　　本书在编写过程中得到了中国传媒大学南广学院的周晓梅和段洪秀老师的帮助，他们投入了大量的精力参加了本书部分资料搜集、整理工作，在此向他们表示衷心的感谢。中国传媒大学信息工程学院的研究生袁大钧、匡红梅同学对其中部分书稿核对和代码验证工作，在此表示感谢。由于编者水平有限，时间紧张，加上新技术不断涌现，书中难免存在错误或不妥之处，恳请广大读者批评指正。

　　本书有关参考程序请到以下网址下载:http://www.crtp.com.cn

徐　品

2008 年 12 月于北京

目　录

第一部分　程序设计基础知识

第二部分　MFC 编程技术

第四部分　软件工程与软件设计

第9章　软件工程的基本知识 ················ (205)

第一部分
程序设计基础知识

第 **1** 章

C++ 语言提要

1.1　概述

让我们简单回顾一下计算机语言的发展历程。第一个阶段是汇编语言,这个面向机器的语言。汇编语言解决了用便于理解的缩写字母来代替二进制的机器码的问题。汇编的每一条语句对应机器的一条指令,便于执行但不便于编写和阅读。第二阶段是面向过程的语言。这时候所解决的问题是将指令过程函数化,以及运算过程高级化(采用人类容易理解的四则运算等运算方式,并引进了与具体机器无关的 + 、− 、* 、√等运算符)。这种改进使得程序过程清晰明了,便于阅读和编写。但当程序过于庞大时,代码的重复率提高,数据和函数得不到有效的保护,代码再利用不方便等缺点也暴露出来,于是出现了第三阶段的面向对象的语言。面向对象的语言将面向过程语言中杂乱的数据和函数,整齐地包装成一个个自我完备的对象,提高了代码的可读性、程序的健壮性以及代码的可重用性。时至今日,尽管计算机语言还在不断地发展,面向对象的程序设计方法一直是现代计算机语言的一个基本理念之一。从 20 世纪 90 年代发展起来的面向组件的技术就是基于面向对象技术发展出来的软件设计的新方法。

面向对象语言的最主要的特点是封装、继承和多态性,称为面向对象思想的三基石。作为面向对象语言的代表,C++ 语言一方面以完全兼容的方式牵手 C 语言,另一方面,又全方位地实现了面向对象的思想。当应用软件发展到一定规模,如果没有面向对象的语言是很难构建程序的。当回顾 C++ 的全貌,我们应该认识到,从程序设计的角度来看,其实 C++ 与 C 语言是完全不同的两种语言。C++ 更注重设计,而不是过程。因此,在程序设计思路上,C++ 语言与 C 语言有着很大的不同。比如编写一个图书管理程序,用 C 语言的思路,针对每一个功能(图书录入、检索、借阅等)编制函数。如果系统庞大、功能复杂,会导致程序可读性差、代码重复性高、不易修改等问题。C++ 按照对象的方式进行管理,整体上可读性好,又具有代码重用、升级方便等特点,可使软件设计人员在更高的层次上管理程序。

本章不打算全面介绍 C++ 的知识,只是用一些实例来复习一下 C++ 的主要概念,并对 C++ 某些难点进行梳理。对于从未学过 C++ 的读者,我们建议先学一遍 C++ 再看本章。

1.2 类与对象

C++ 是面向对象的语言,所以它最重要的概念就是对象。对象是什么? 对象就是一种封装,是对属性和行为的封装。封装的目的是要保证对象的健壮性。要说明这个问题,先从 C 语言的结构说起。

1.2.1 类的构造函数

我们来看一个结构(struct)的定义。例 1 – 1 中结构 PERSON 有一个成员变量 age,这个结构就是一种封装。但这个封装是不完整的,因为它无法保证结构内数据 age 的合法性,调用者可以对其随意赋值。

再看例 1 – 2 中 C++ 中类(class)的封装。在这个类 CPerson 中,将变量 Age 放在 private 保护区,使外部只能通过 Get 和 Set 函数访问变量,保证了成员变量 Age 在设置过程中不小于 0。这与前面定义的结构 PERSON 相比提高了封装性,使得外部调用者不得随意改变 Age 的值。

然而,要使得该类的对象在任何时候都能够使 Age 不小于 0,这个类还是有一个问题,那就是初始化! 如果我们不对这些变量进行初始化,系统会随机分配一个值给成员变量,则该类可能一开始 Age 的值就是不合法的。所以就有了构造函数(constructor)的概念。CPerson 加上构造函数如例 1 – 3。

例 1 – 1　结构 PERSON 的定义

```
struct PERSON
{
    int age; // 成员变量为 public
};
```

例 1 – 2　类 CPerson 的定义

```
class CPerson
{
    int Age; // 缺省成员变量为 private
public:
    int GetAge() { return Age; }
    void SetAge(int age) { Age = (age < 0) ? 0 : age; }
};
```

例1-3 具有构造函数的类 CPerson

```cpp
class CPerson
{
public:
    CPerson() { Age = 0; }
    int GetAge() { return Age; }
    void SetAge(int age) { Age = (age < 0) ? 0 : age; }
private:
    int Age;
};
```

构造函数是在这个类创建对象时自动执行的,其目的是在对象创建时可以有机会对成员变量进行初始化,以保证对象各成员的合法性。

现在我们可以说这个类在任何时候都是健壮的,因为无论对该类怎么操作,Age 的值都是合法的,即 Age≥0。

构造函数有多种形式,如带默认形参的构造函数、拷贝构造函数等,如例1-4所示。

值得提出的是,拷贝构造函数如果不写,编译系统会给一个默认的拷贝构造函数,其行为就是逐个成员变量的拷贝(称为浅拷贝)。所以,例1-4中拷贝构造函数完全可以不写。

有一个问题必须提醒读者,在类的声明中是不能赋值的。如例1-3中类 CPerson 的成员变量 int Age;不能写成 int Age =20;,这是因为类的声明在编译时只生成一个数据类型,而不可以带有可执行代码。也许有的读者会问,类 CPerson 的构造函数、成员函数(如 GetAge() 和 SetAge())不都是有可执行语句吗? 不是也能赋值吗? 其实,它们与 int Age =20 的语句是根本不同的。例如 int GetAge() { return Age; },其后面大括号中的语句实质上是要嵌入需要调用该函数的语句中,就像 inline 函数一样,可认为是 inline 函数的简化的写法。

例1-4 具有多种构造函数的类 CPerson

```cpp
class CPerson
{
public:
    CPerson(int age =0) // 带默认形参的构造函数
        { Age = age; }
    CPerson(CPerson& person) // 拷贝构造函数
        { Age = person.age; }
    int GetAge() { return Age; }
```

```
        void SetAge( int age) { Age = ( age < 0) ? 0 : age; }
    private:
        int Age;
    };
```

1.2.2　拷贝构造函数被调用的场合

拷贝构造函数是构造函数中一个比较不好理解的概念。关键的问题是拷贝构造函数是在什么时候被调用的？我们以例 1－4 为例说明拷贝构造函数的三个被调用场合。

① 拷贝构造函数被调用的第一个场合是用已有对象构造新的对象,如:

```
main( )
{
    CPerson person1(18);
    CPerson person2(person1);  // 调用拷贝构造函数
    cout << person2. Age << endl;
}
```

这个例子是以 CPerson 的第 1 个对象 person1 来构造它的第 2 个对象时会调用拷贝构造函数,其结果是使 person2. Age 也等于 18。

② 拷贝构造函数的第二个调用场合是作为函数的参数调用时,如:

```
void Function( CPerson person)
{  // 参数 person 的传递过程实际就是重新构造新的对象的过程。
    int age = person. Age;
    cout << age << endl;
}
```

当这个函数被调用时,类 CPerson 的对象 person 作为实参传递进来(称为传值调用),实际上就重新构造了一个新的对象。在构造过程中就自动调用了拷贝构造函数。

③ 还有一个拷贝构造函数的调用场合就是在函数返回的时候。见下面代码:

```
CPerson Function( )
{
    CPerson person(18);
    return person;
}  // 函数返回一个类的对象,实际也是重新构造新的对象的过程。
```

在函数 Function 内部的对象 person 称为自动变量,它在函数结束时就自动析构了,函数返回时实际上是用拷贝构造函数构造了一个新的对象。

1.2.3　带有指针变量的类

有构造函数就有析构函数(destructor)。析构函数是在对象结束时被自动调用的。如果这个类有指针形式的变量,并且该变量用 new 方式申请了内存空间,则本着谁申请谁释放的原则,该变量申请的内存空间一般在对象结束时释放。例如例 1－5 所示:

例1-5 析构造函数在对象结束时释放空间

```
class CPerson
{
public:
    CPerson(int age = 0) // 带默认形参的构造函数
        { Age = age; pPortrait = new char[64000]; }
    ~CPerson() { delete[] pPortrait; }
    int GetAge() { return Age; }
    void SetAge(int age) { Age = (age < 0) ? 0 : age; }
private:
    int Age;
    char * pPortrait;
};
```

如果该类的对象中申请的内存空间在类结束时没有释放,则如果这个指针别处没有记录的话,很有可能这部分空间就永远(在关机之前)也释放不了。这样遗留的内存被称为内存泄露(Memory Leaks),这样的程序是有问题的。这个程序也不能说是健壮的。

对于这个例子,如果我们按照前面所讲的例子使用拷贝构造函数构造新的对象:

```
main()
{
    CPerson person1(18);
    CPerson person2(person1); // 调用拷贝构造函数
    delete person1;    // 释放第一个对象的空间
}
```

这个程序的结果会怎样? 由于 person1 和 person2 都有指针变量 pPortrait,而拷贝构造函数在缺省的情况下是逐项拷贝的,所以,在拷贝构造函数被调用以后,person1 和 person2 的变量 pPortrait 指向了同一块内存。这样,当 person1 的类析构(释放内存)以后,person2 的变量 pPortrait 指向了一块无效的内存,这是不允许的。正确的做法在例 1-5 中增加拷贝构造函数,在此函数内将 pPortrait 的内容拷贝过来。一般将需要进行内容拷贝的过程叫做深拷贝,而只进行变量(包括指针)拷贝的称为浅拷贝。所以拷贝构造函数的编写原则是:如果有深拷贝的项目就必须编写这个拷贝构造函数,否则就不需要编写了。

1.2.4 关于类的继承问题

我们讨论一下有关类继承以后构造与析构的顺序问题。我们看下面的例子(例1-6):

例 1 - 6　类的继承中的构造和析构函数

```
class Base
{ public:
Base::Base()
{ cout << "Base constructor\n"; }
Base::~Base()
{ cout << "Base destructor\n"; }
    void Print() { cout << "Base print\n"; }
};

class Derived: public Base
{
public:
Derived::Derived()
{ cout << "Derived constructor\n" }
Derived::~Derived()
{ cout << "Derived destructor\n" }
    void Print() { cout << "Derived print\n"; }
};
```

在这个例子中,可以体会到基类与派生类的关系。我们用下面的程序进行测试:

```
main()
{
    Derived d;
    d.Print();
}
```

可以得到输出结果:

Base constructor

Derived constructor

Derived print

Derived destructor

Base destructor

从这个结果可以得到如下结论:

① 用派生类声明的对象同时包含有基类和派生类的内容,但在测试代码中我们只看到派生类的代码。我们说:C++ 具有将基类功能"隐藏"起来的功能。我们一般在程序中看到的是程序中的派生类,而基类却看不到。

② 构造函数的执行顺序是先基类,后派生类;析构时先派生类后基类。关于构造和析

构的顺序这样安排是合理的,这就跟函数嵌套一样,当然是先有母函数,后有子函数;而结束时也应该先结束子函数,后结束母函数。为了实现这个机制必须引进虚函数方法。

③ 一般函数在执行时会屏蔽基类的同名函数。就是说派生类中函数与构造函数或析构函数不同,不会连基类的函数一起执行。那么,在派生类中如何执行基类的同名函数呢?以类 Derived 为例,只要将 Print( )函数改成:void Print( )｛Base::Print( );｝就行了。

1.3 变量与函数

一般变量与函数的概念在这里不再赘述,这里需要着重介绍的是指针(pointer)、引用(reference)、只读(const)、静态(static)等概念。

1.3.1 指针与引用

指针是 C 语言中极富创意的发明,有了指针的概念,程序就可以灵活的操纵地址,使高级语言能进行低级语言的操作,这是其他高级语言所做不到的。但正所谓成也萧何,败也萧何,指针的不当使用也常常导致程序的错误或留下隐患。因此,理解指针、用好指针是 C/C++ 语言中极为关键的部分。学好变量,先从指针开始。

什么是指针? 指针就是记录其他变量在内存中地址的变量。这句话应分两个方面来理解,首先指针就是一种变量(可称为指针变量);其次,这个变量的值纪录的是其他变量的地址。

那么指针变量是多少位的呢? 对于 32 位操作系统来说,指针变量就是 32 位(4 个字节),是一个 int 变量的长度。所以有下面的语句:

$$int\ a = 5;\quad int * b = \&a;$$

在这个语句中,b 只是一个地址,要在 b 这个地址上赋值,应该是:*b = 10;因为 b 是 a 的地址,所以 b 上被赋值就等于 a 被赋值了,所以这时 a 也等于 10。这时称 b 为指向 a 的指针变量。如果有另外一个指针变量指向 b,那么这另外的指针变量就是指针的指针,用两个星号表示如下:

$$int * * c = \&b;$$

c 记录 b 的地址,而 b 又记录 a 的地址,所以 * *c 就等于 a。

"引用"是C++对 C 语言指针概念的一个拓展,当一个变量被引用的时候,既能实现地址被传递的效果,又可以保护变量地址不被读出和修改。下面是一个关于"引用"的例子:

$$int\& d = a;$$

这时 d 是 a 的"引用",引用的意思是和别的变量共用一个地址。即 d 不是一个独立的变量,d 的地址就是 a 的地址。也就是说,如果 d 的值被改变,则 a 的值也被改变了。例如:d = 10;则此时 a 的值也等于 10。所以称 d 为 a 的一个别名(见图 1-1)。

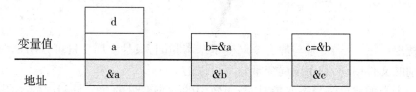

图 1-1 关于指针与引用的图例

由于引用没有独立的地址，也就不存在引用的引用。那么指针变量可以引用吗？回答是肯定的。如下面语句：

$$int * \& e = b;$$

此处 e 就是和 b 共用一个地址的指针变量了。同理，也就可以有这样的写法：

$$int * * \& f = c;$$

表明 f 是指针变量 c 的一个别名。

以上的叙述将数据类型 int 换成类也是成立的。

关于只读变量比较容易理解，即只能在初始化时赋值，如下面的语句：

$$const \ int \ g = 10;$$

如果以后的程序中对 g 进行任何的改变，编译程序都会给出错误提示，并拒绝执行。

1.3.2　静态变量

静态变量与只读变量不同，静态变量具有文件生命期。也就是说，程序一启动静态变量就存在了，一直到程序结束为止。静态变量的另外一个特点是它的唯一性。无论它是作为全局变量或函数中的自动变量，还是类的数据成员，它都是唯一的。所以，静态变量可以作为某个函数被调用的计数器。例如下面例 1 - 7 的程序。

在这个例子中无论函数 function( ) 是否被调用，该函数中静态变量始终存在，而且是唯一的，因此可以被当作记录该函数被调用次数的计数器。但是，它的可见性却与函数内局部变量一样，在 main( ) 中是不能访问到 counter 变量的。

例 1 - 7　关于 static 变量的例子

```
void function( )
{ static int counter = 0; // 静态变量必须初始化
    counter ++ ; // 每次运算结果会保留下来
    cout << counter << " ";
}
main( )
{
  for( int i = 0; i < 10; i ++ )
    function( );
}


输出结果：
0 1 2 3 4 5 6 7 8 9
```

顺便提一下，全局变量与静态全局变量基本相同，只是全局变量可以用 extern 将作用域引到别的文件中，而静态全局变量是不可以的。

当一个类的成员是静态变量时，与函数中的静态变量的含义是相同的。所不同的是初始化的方式。由于类的声明中是不能赋值的,所以初始化的工作应该放在该类被调用的地方,如例 1 - 8 所示。

例 1 - 8　关于类中 static 成员变量的例子

```
class Traffic
{ static int carnum; // 静态变量必须初始化
public:
    Traffic( ) { carnum ++ ; }// 每次运算结果会保留下来
    ~ Traffic( ) { carnum -- ; }
};

int Traffic::carnum = 0; // 静态变量初始化
main( )
{
  Traffic *  tf[10];
  for( int i = 0; i < 10; i ++ )
    tf[i]  = new Traffic; // carnum 加 1

  for( i = 0; i < 10; i ++ )
    delete tf[i]; // carnum 减 1
}
```

static 还可以修饰函数,叫静态函数。与静态变量一样,静态函数也具有文件生命期和唯一性。我们可以看看例 1 - 9,是个有趣的例子。此例中的 NEW( )函数是个静态函数,它的作用是创建自己所在的类。这对于一般的成员函数来说是根本做不到的。因为类没有创建对象时,就没有成员函数,此时不能调用该函数;当类已经创建对象后就不需要再去调用该函数创建了。而静态函数的特别之处就在于在类的对象创建之前,该函数就存在了,而不必等对象创建以后才能调用。

例 1 - 9　类中 static 成员函数创建自己

```
class Traffic
{ static int carnum; // 静态变量必须初始化
public:
    Traffic( ) { carnum ++ ; }// 每次运算结果会保留下来
    ~ Traffic( ) { carnum -- ; }
    static Traffic *  NEW( )   // 静态函数,创建所在类的对象
```

```
    {    return new Traffic;    }
};
main( )
{
    Traffic *  tf[10];
    for( int i = 0; i < 10;i ++ )
        tf[i]  =  Traffic::NEW( );  // carnum 加 1

    for( i = 0; i < 10;i ++ )
        delete tf[i]; // carnum 减 1
}
```

1.3.3　函数参数

下面将讨论在函数中使用指针、引用、只读、静态等概念。先看函数参数的传递方式。例 1 – 10 显示了三种函数参数调用的例子。

例 1 – 10　函数的三种参数调用的例子

```
#include  < iostream. h >
void function1( int value) // 传值调用
{
    value + = 10;
    cout << value << endl;
}
void function2( int * pvalue) // 传指针调用
{
    * pvalue + = 10;
    cout << * pvalue << endl;
}
void function3( int& rvalue) // 传引用调用
{
    rvalue + = 10;
    cout << rvalue << endl;
}
main( )
{ int data = 10;
```

```
            function1(data);
            cout << data << endl; // data is 10
            function2(&data);
            cout << data << endl; // data is 20
            function3(data);
            cout << data << endl; // data is 30
        }
```

第一种是传值：在 main() 中调用函数 function1(int value) 时，data 传进 function1() 以后在函数内部被修改了，但这不影响 data 的值，因为 function1() 得到的是 data 的一份拷贝，对这个拷贝如何修改是不会影响外部变量的值的。

第二种是传指针：如例 1 - 10 中 function2(int * pvalue)。该函数的入口参数是指针类型，那就意味着传到该函数中的参数是某个变量的地址。该函数执行结果是该地址上的值被改变，因此，在 main() 中当 data 的地址送入时，它的值当然也被改变。

第三种方法是传引用：如例 1 - 10 中 function3(int& rvalue)。传引用意味着函数参数 rvalue 与 main 中传递的变量 data 共用一个地址，所以，当 rvalue 被改变时 data 自然也会被改变。

值得注意的是，传值调用时用的是拷贝的方法，其数据长度与数据类型有关。比如形参数据类型为一个结构或数组，则该结构或数组的内容需要全部复制一遍；对于类来说，用的是拷贝构造函数。但传指针和传引用就不同了，它们传的是一个地址。传指针实际上是将原变量的地址作为一个变量（指针变量）来传递；而传引用则是直接与原变量共用同一个地址。因此，当形参的数据类型长度很长时（比如超过地址长度的好几倍），用传指针和传引用当然比传值的效率要高。但例 1 - 10 也显示，在传值时函数中参数 value 不论如何改变，都不会影响外部的实参 data，但在传指针和传引用时，value 改变就会导致 data 的改变。

1.3.4　const 的用法

上面提到例 1 - 10 的 function3() 的入口参数是有可能被改变，从而影响被引用的变量。那么能不能保证在传引用时被引用的变量不被修改？回答是肯定的，只要引入 const 修饰符就可以了。如例 1 - 11 所示，当函数的引用参数加上 const 后，在函数内部是不能对该参数做任何修改的。对于 function1() 中的指针而言，参数 const record * psomeone 意味着 * psomeone 被保护（不是指针 psomeone），其内容不能被修改；对于 function2() 中的引用来说，参数 const record& rsomeone 意味着 rsomeone 被保护了。

例 1 –11   只读的函数参数

```
struct record
{ char name[10];
  int age;
  char comment[50];
};
void function1(const record * psomeone)
{
    psomeone -> age + = 10; // 错误! 只读参数不能被修改!
}
void function2(const record& rsomeone)
{
    rsomeone. age + = 10; // 错误! 只读参数不能被修改!
}
```

const 还可以对类中成员函数进行修饰,即所谓常函数(或称只读函数)。常函数不能修改本函数以外的变量,也不能调用非常函数,以保证其不改变外部变量的特性。如下面代码:

```
class object
{ public:
    void function() const
    { int b = 20;   a = b; } // 错误! 常函数不能修改任何外部变量。
    private: int a;
};
```

其中 function()为常函数,所以,其内部不能修改任何外部的值。

const 还可以用于返回值。与前面关于函数参数的讨论一样,函数返回也有三种形式:一种是传值返回,一种是指针返回,再有就是引用返回。

① 传值返回就是返回一个数据拷贝(如果是类的话,就调用拷贝构造函数构造新的对象),如:

```
int function() { int a = 10;   return a; }
```

在执行中可以这样调用:

```
int b = function();
```

但不可以这样:

```
function() = 20; // 这样赋值毫无意义
```

② 如果是指针返回,如:

```
int aa = 10; // aa 为全局变量
int * function() { aa + = 20;   return &aa; }
```

在执行中既可以这样调用：

int b = *function()；// 将 aa 的值拷贝到变量 b 中

也可以这样：

*function() =50；// 直接修改 aa 的值为 50

由于 function() 返回了 aa 的地址，所以该语句直接修改了 aa 的值，实际上等同于 aa = 50，从而忽视了 function() 内部 aa + = 20 的运算。

有时候编程者可能并不希望 function 在左边的调用。但如何确保返回的地址上的值只被引用，不被修改呢？这就需要借助 const 的威力了。在函数的返回值加上 const，如：

const int * function() { aa + = 20； return &aa；}

这样，下面的语句就不成立了：

*function() =50；　// 由于 function 返回为 const 指针，所以不能赋值。

③ 对于引用返回也是这样。例如声明函数为：

const int& function() { aa + = 20； return aa；}

则下面的语句也就不成立了：

function() =50；　// 由于 function 返回为 const，所以不能赋值。

基于效率的原因，返回的方式通常不用传值而用指针或引用。因为返回指针或引用只需传递一个地址，不像传值返回那样需要重新构造一个新的变量或对象。但用指针或引用返回时，必须注意所返回的地址的有效性。由于自动变量的临时性，所以不能返回自动变量的地址。

1.4　运算符重载

1.4.1　将运算符理解为函数

C++ 的类可以像已知的数据类型那样声明对象，当然希望类的对象也能使用运算符。有了运算符重载，可以支持类的不同对象之间的"运算"。运算符重载往往使初学者如坠云雾、不知所措，其实我们只要明确运算符重载实际上就是函数的一种表现形式，就不难理解了。在例 1 – 12 中我们看到类 Complex 有一个函数 Add()，这个函数完成当前类的对象与另一个 Complex 对象相加的功能。

例 1 –12　一个带有 Add 函数的 Complex 类

```
class Complex
{
public：
    Complex( float real =0, float imag =0)
        { m_real = real； m_imag = imag；}
    Complex Add ( const Complex &c) const；
private：
    int m_real, m_imag；
```

```
};
Complex Complex::Add (const Complex &c) const
{
    Complex result(m_real + c. m_real, m_imag + c. m_imag);
    return result;
}
main()
{
    Complex a(2,1), b(3,4);
    Complex c = a. Add(b);
}
```

关于这个函数 Add() 的运行过程说明如下：

① 函数 Add() 是常函数，说明该函数不改变任何该函数以外的变量，如 m_real 和 m_imag；

② 函数 Add() 的参数为 Complex 的一个常引用，说明此处不会创建新的对象。常引用也保证了在函数内部不会修改对象 c；

③ 在 Add() 内部创建了一个临时对象 result，并将加的结果存放在这个临时对象中；

④ 通过 return 将结果返回。这个返回的过程将自动构造一个新的 Complex 对象，并自动调用其拷贝构造函数；

⑤ 在 main() 中，对象 a 调用其成员函数 Add()，将对象 b 的数据成员相加并返回，对象 c 通过赋值运算符 = 将 a. Add() 返回的结果传到 c 中。

通过上面的过程分析我们注意到：

① a. Add() 这个函数并没有改变 a 的数据成员的值，而是将 a + b 的结果传到 c 中。

② a + b 这个运算是调用 a 的 Add() 函数。当然，在本例中无论 a 还是 b 的 Add() 是一样的，但如果 b 是另外一个类，则 b 的 Add() 函数可能与 a 不同。这时，选择 a. Add() 还是 b. Add() 可能会导致不同的结果。

现在有一个问题，Add() 函数能不能用引用形式返回，如：

```
Complex& Complex::Add (Complex &c) const
{
    Complex result(m_real + c. m_real, m_imag + c. m_imag);
    return result; // 返回 result 的引用
}
```

Add() 返回对象 result 的引用。这显然是错误的，因为 result 是临时对象。如果要返回引用，则所引用的对象必须在函数返回之后仍然有效。因此，如要返回引用，该函数应该写成如下的 SelfAdd()，把相加的结果保存在当前的类中，然后将当前对象的地址返回。这两种加法就对应于运算符 + 和 + =。

```
Complex& Complex::SelfAdd (Complex &c)
{
    m_real += c.m_real; m_imag += c.m_imag;
    return *this;
}
```

把 Add( )和 SelfAdd( )换成 operator + 和 operator + = ,就是运算符的定义,如例 1 – 13。在这个例子中,"+"运算不改变运算符所在类的成员变量的值,所以"+"运算符函数后面加 const;而"+ ="运算改变了所在类的成员变量的值,所以"+ ="运算符函数后面不能加 const。

例 1 – 13　带有运算符 + 和 + = 的类 Complex

```
class Complex
{
public:
    Complex(float real = 0, float imag = 0)
            { m_real = real; m_imag = imag; }
    Complex operator + (const Complex &c) const;
    Complex& operator + = (const Complex &c);
private:
    int m_real, m_imag;
};
Complex Complex::operator + (const Complex &c) const
{
    Complex result(m_real + c.m_real, m_imag + c.m_imag);
    return result;
}
Complex& Complex::operator + = (const Complex &c)
{
    m_real += c.m_real; m_imag += c.m_imag;
    return *this;
}
main( )
{
    Complex a(2,1), b(3,4);
    Complex c = a + b; // c 为 (5,5), a 和 b 没有被改变
    b += a; // b 被改变为 (5,5)
}
```

1.4.2　不同类之间的运算

运算符可以支持不同类之间的运算。在例 1 – 14 中,类 Vector3D 的运算符 + 支持与类 Vector2D 的加法。值得注意的是,在 main 中调用 a + b 时,因为 a 和 b 是两个不同类的对象,那么这时到底调用哪个类的运算呢? C++ 对此作了一个规定:对于双目运算,其运算符一律调用左操作数相应的运算符函数。这里解释一下操作数,操作数是针对运算而言的。操作数不一定是一个数,这个称呼是从汇编程序来的。在类运算中,操作数是指运算符两边的变量或类的对象。双目运算符如 + 、– 、* 、/ 、+= 、–= 、*= 、/ = 、= 、== 、! = 、< 、> 等等,需要两个操作数参与运算。其左边的操作数称为左操作数,右边的当然称为右操作数。因此,上例中,a + b 的 + 运算就属于 a 所在的类的 + 运算;如果是 b + a 呢,这个 + 运算就该调用 b 所在类的了。所以,对于不同类之间的双目运算,是不支持交换率的。在例 1 – 14 中,a + b 返回的是 Vector3D 的对象,而 b + a 返回的则是 Vector2D 的对象,两者是不同的。

例 1 – 14　不同类之间的运算

```
class Vector2D
{
public:
    Vector2D (float x = 0, float y = 0)
        { m_x = x; m_y = y; }
    Vector2D operator + (const Vector2D& v2) const
    {
        Vector2D result(m_x + v2. m_x, m_y + v2. m_y);
        return result;
    }
private:
    int m_x, m_y;
};
class Vector3D
{
public:
    Vector3D (float x = 0, float y = 0, float z = 0)
        { m_x = x; m_y = y; m_z = z; }
    Vector3D operator + (const Vector2D& v2) const
    {
        Vector3D result(m_x + v2. m_x, m_y + v2. m_y, m_z);
        return result;
    }
```

```
private:
    int m_x, m_y, m_z;
};
main( )
{

    Vector3D a(2.3,1.6,3.5);
    Vector2D b(7.1,4.2);
    Vector3D c = a + b; // 调用 Vector3D 的 + 运算
    Vector2D d = b + a; // 调用 Vector2D 的 + 运算

}
```

1.4.3 用友元定义的运算符

通过上面的介绍,我们知道对于双目运算,运算符是属于左操作数的,由左操作数所从属的类去重载该运算符。但有个别运算符是不能在左操作数所属的类中去解释,比如流运算符 << 和 >>。

为了说明流运算符的特殊性,我们先看例 1 – 15 中的程序。TextOut( )是一个关于字符串输出的函数。该函数左边那个入口参数是流输出类,右边的参数是要输出的字符串。在 main( )中,以 cout 作为左边的参数,先被执行的 TextOut( )将 cout 的地址用引用方式返回,作为下一个 TextOut( )的左参数。这样可以一直嵌套下去。例 1 – 15 做了三重嵌套,分别输出了三个字符串。

但这种表达方式过于繁琐,用流运算符当然要简洁得多。按照通常运算符的做法,这个流输出用运算符来表示就是例 1 – 16 的程序。初看这个程序似乎没有问题,但必须指出,对于 text 来说,运算符" << "右边的变量类型可以是 int、char、float、double、short、long、char * 等已知的数据类型,其他新定义的类当然是不支持的,因为事先无法预知。那么,能使流运算符支持新的类吗? 为了解决这个问题,C++ 给了一个利用友元来设置流运算的解决方案,如例 1 – 17。

例 1 – 15 字符串输出的函数

```
#include < iostream. h >
ostream& TextOut ( ostream& out, char * str)
{

    out << str;
    return out;

}
main( )
{ ostream& out = cout;
    TextOut (
```

```
        TextOut (
            TextOut ( out, "This is a string1. \n" ),      .
            "This is a string2. \n"
            ),
        "This is a string3. \n"
    );
}
```

输出：

This is a string1.
This is a string2.
This is a string3.

例 1－16   定义为成员函数的流输出运算

```
#include < iostream. h >
class Text
{
public:
    Text( ostream * pout ) { m_pout = pout; }
    ostream& operator << ( char * str )
    {
        * m_pout << str;
        return * m_pout;
    }
  private:
        ostream * m_pout;
};

main( )
{ Text text(&cout);
  text << "This is a string1. \n"
      << "This is a string2. \n"
      << "This is a string3. \n";
}
```

在例 1－17 中，class Number 是新定义的类，ostream 当然是无法支持的。但通过友元的形式,我们可以将流运算符"<<"对类 Number 的支持定义到 Number 中。我们需要重温一下友元 friend 的含义,友元的意思是:第一不是该类的成员;第二具有该类成员的访问特权(可以访问该类的受保护成员和私有成员)。友元其实是在本来没有直接关系的两种数据类型之间建立的一种访问关系。友元不具有对称性(A 是 B 的友元并不等于 B 是 A 的成员),也不能被继承。

例 1 - 17　　利用友元进行流运算符的定义

```cpp
#include < iostream. h >
class Number
{
    friend ostream& operator <<
                    ( ostream& out, const Number& number)
    {
        out << number. m_value; return out;
    }
public:
    Number( int value) { m_value = value; }
private:
    int m_value;
};

class Text
{
    friend ostream& operator <<
                    ( ostream& out, const Text& text)
    {
        out << text. m_str; return out;
    }
public:
    Text( char * str) { m_str = str; }
private:
    char * m_str;
};

main( )
{
  Text text( "My age is: "); Number num(23);
```

```
    cout << "Output result: " << text << num << endl;
}
```

输出:
Output result: My age is: 23

对比一下例 1-16 和例 1-17,后者成功地使运算符" << "具有两个特点:一是继续对原有数据类型(如 int、short、long、float、double、char * 等)的支持;二是任何类都可以添加对该运算的支持。但这时运算符" << "不再属于左操作数,而是属于右操作数。如例 1-17 所示,友元函数 operator << ( )实际上不是类 Text 的成员函数,是一个独立的函数。但类 Text 中又把它当作自己的成员函数来使用,因为友元有一个特权,它可以像类 Text 的成员一样访问该类的任何其他成员。友元的出现可以很好地从逻辑上解决了运算符属于右操作数的情况,但也带来副作用,就是破坏了 C++ 精心营造的对象的封装性。好在 friend 函数必须事先被所属类认可,而且也不支持继承,也不具有传递性。

1.4.4　其他运算符的定义

当然,友元这种函数类型不限于个别运算符,大部分运算符的重载既可以作为成员函数也可以使用友元的方式。需要注意的是,流运算符" << "和" >> "最好用友元函数定义;C++ 规定" = "、"( )"、"[ ]"和" -> "四种运算是不能为友元函数,而必须是成员函数。其他运算符建议尽量采用成员函数的方式。

一般运算符的重载这里不再赘述,特别介绍一下"( )"和"[ ]"运算符。这两种运算符是比较常用的运算符,但与一般运算符比较起来有一定的特殊性。先看"( )","( )"有两种,一种被称为函数调用运算符,另一种被称为强制转换运算符。这两种定义方式如下:

(1)函数调用运算符

将一个类列出参数表,将类当函数使用,运算符为"( )"。

例如,函数:float function(int a, float b);

其参数的括号称为函数调用运算符,类中定义如下:

float operator ( ) (int a, float b);

其使用方法就是将类当作函数来使用,见例 1-18。

例 1-18　函数调用运算符实例

```
#include < iostream. h >
class MyTest
{
public:
    MyTest ( ) { m_data = 5; }
    float operator ( ) (int a, float b) // 函数调用运算符
```

```
        { return m_data + a + b; }
    private:
        int m_data;
};


main( )
{
    MyTest test;
    float sum = test(1,2.7f); // 将类当函数使用
    cout << sum << endl;
}
```

输出:
8.7

(2)强制转换运算符

一种数据类型转换成另一种类型。其运算符也是"( )"。

int a = 10;   float b = (float)a;

按类中运算符的一般定义法则,本应该这样定义:

为了与函数调用运算符有所区别,强制转换运算符变成了这种形式:

operator float ( ) const;

例1-19 给出了强制转换运算符的一个例子,其中 PSTR 是在程序开始就定义好的数据类型。本来私有成员 m_str 是外部不能访问的,但通过强制转换运算符(PSTR)可获取该数组的指针。

此例中还给出了下标运算符"[ ]"的例子。下标运算符分为右值下标和左值下标。比如:char ch = array[2]; 是右值下标;而对数组赋值: array[2] = 'm';为左值下标。这两个运算符在类中重载时的区分是函数后面加 const 修饰。有 const 说明该函数不能修改外部变量,也就不能成为左值下标;而左值下标必须返回引用,因为被修改的是当前类。右值下标函数也可以返回引用,但最好加 const,如:

const char& operator [ ] (int index) const;

在此例中,这两个下标函数其实是可以合并成一个函数,只要将上面的 const 去掉就行了。例如:

char& operator [ ] (int index);

这样定义的下标既可作为左值又可作为右值使用。

下标的访问必须要有适当的保护,避免下标超出合法的范围,请读者考虑怎样添加保护代码。

例 1 - 19　流输出、强制转换与下标运算符的重载

```cpp
#include < iostream. h >
#include < string. h >
typedef char * PSTR; // 定义一个数据类型
class Text
{
    friend ostream& operator << // 流输出运算符
                ( ostream& out , const Text& text)
    {
        out << text. m_str; return out;
    }
public:
    Text( PSTR str) { strcpy(m_str,str); }
    operator PSTR ( ) const // 强制转换运算符
    { return ( PSTR)m_str; }
    char operator [ ] (int index) const // 右值下标运算符
    { return m_str[index]; }
    char& operator [ ] (int index) // 左值下标运算符
    { return m_str[index]; }
private:
    char m_str[20];
};

main( )
{
    Text text("Olinpic games: ");
    PSTR pstr = (PSTR) text; // 调用强制转换运算符( )PSTR
    pstr[2] = 'y';
    cout << pstr << "2008" << endl;
    char ch = text[3]; // 调用右值下标运算符[ ]
    text[3] = 'm'; // 调用左值下标运算符[ ]
    cout << text << ch << endl; // 调用流输出运算符
}
```

输出:
Olynpic games: 2008
Olympic games: n

另外,如果类 Text 的 private 变量定义为 PSTR m_str;构造函数中令 m_str = str; ,则这个类会存在极大的隐患。因为在 main( )中构造 text 对象时,输入的字符串"Olinpic games:"是一个临时的只读型字符串,作为类的成员是危险的。初学者应注意指针的使用。

在此例中我们采用了固定的数组大小,当然也可以将 m_str 设为指针,用 new 的方法为其分配空间,最后在析构函数中用 delete 释放空间。

有两个运算符是每个类缺省就有的,那就是取地址运算符 & 和赋值运算符 = 。但是缺省的赋值运算符只是与缺省的拷贝构造函数一样,是逐个数据成员拷贝(所谓的浅拷贝)。如果至少有一个数据成员需要拷贝内容(即深拷贝),例如指针变量,这时就必须自己来写这个赋值运算符的重载函数了。

1.5　多态性

多态性是面向对象语言的三大基石之一,也是比较难学的部分。利用多态性可以使得程序能够有层次、使代码具有较强的逻辑性,从而提高其可读性。利用多态性还可以在不必修改,甚至不需要源代码的情况下实现代码的重用和扩展。

1.5.1　一个多态性的例子

为了具体地说明多态性的实际含义,可看下面关于公司雇员的例子。先看例 1-20,类 Employee 是关于公司雇员的一个基类。在基类中的函数 Pay( )为空函数,因为基类只是一个抽象的雇员的概念,具体各种类型的雇员的报酬计算要在其派生类 Salesman、Technician、Pieceworker 等类中去实现。我们注意数据成员 accumPay 是各派生类所共有的,所以该变量放在基类,初始值为0。

例 1-20　多态性举例:Employee

```cpp
class Employee
{
public:
    Employee();                        // 构造函数
    virtual ~Employee() {}    // 析构函数,空函数
    void Pay() { accumPay = 0; }            // 计算月薪
    int GetIndividualEmpNo() const; // 获取个人编号
    float GetAccumPay() const;        // 获取薪酬总额
protected:
    char name[20];            // 姓名
    int individualEmpNo;        // 个人编号
    float accumPay;        // 薪酬总额(月薪)
```

```
        static int employeeNo;// 本公司职员的编号
};

int Employee::employeeNo = 1000;
                    // 员工编号基数为1000
Employee::Employee()
{   individualEmpNo = ++employeeNo;
                    // 新员工编号为目前最大号加1
    accumPay = 0;    // 薪酬总额初始为0
}
int Employee::GetIndividualEmpNo() const // 获取个人编号
{ return individualEmpNo; }

float Employee::GetAccumPay() const //  获取薪酬总额
{ return accumPay;   }
```

例1-21　　多态性举例:Salesman

```
class Salesman : public Employee    // 拿提成的推销员
{
public:
    Salesman(float a = 100000);
    void SetSaleAmount(float a)
    {   amount = a; }
    void Pay();  // 与基类函数同名
private:
    float commRate;
    float amount;
};
Salesman::Salesman(float a) // 设置初始销售额
{ commRate = 0.05f; amount = a; }

void Salesman::Pay()
{               // 推销员月薪,按提成比例计算
    accumPay = commRate * amount;
}
```

例 1 - 22   多态性举例：Technician

```
class Technician : public Employee        // 按小时计酬的技术员
{
public：
    Technician( int wh = 160 );
    void SetWorkHours( int hr )
    {   workHours = hr; }
    void Pay( );   // 与基类函数同名
private：
    float hourlyRate;
    int workHours;
};
Technician：：Technician( int wh )    // 设置初始工作量
{ hourlyRate = 100; workHours = wh; }


void Technician：：Pay( )
{              // 技术人员月薪,按小时计算报酬
    accumPay = hourlyRate * workHours;
}
```

例 1 - 23   多态性举例：Pieceworker

```
class Pieceworker：public Employee   // 按件计酬的工人
{
public：
    Pieceworker ( int q = 8000 );
    void SetQuantity( int q )
    { quantity = q; }
    void Pay( );   // 与基类函数同名
private：
    float wagePerPiece;
    int quantity;
};
Pieceworker：：Pieceworker ( int q ) // 设置初始数量
{ wagePerPiece = 0.5;  quantity = q; }
```

```
void Pieceworker::Pay()
{       // 工人月薪,按件计算报酬
    accumPay = wagePerPiece * quantity;
}
```

从例 1 - 20、1 - 21、1 - 22 和 1 - 23 关于公司雇员报酬的计算我们看到,由于各个类型的雇员计算报酬的方法各不相同,Employee 的各个派生类虽然都有 Pay() 这个函数,但在对这个 Pay() 函数的实现是不同的,最终导致 accumPay 的不同。

把这些不同类型的员工放到同一个数组中,还要求打印出各自不同的工资待遇,这个程序如例 1 - 24。我们注意到 emp[] 数组是基类 Employee 的指针数组,这里面记录了该基类的不同派生类的对象 s1、t1 和 p1 的地址作为数组成员(因为指针指向的是地址)。我们期待着下面的 for 循环输出的结果为:

编号:1001   本月工资:10000

编号:1002   本月工资:20000

编号:1003   本月工资:5000

例 1 - 24   多态性举例:main

```
main()
{
    Salesman s1(200000);
    Technician t1(200);
    Pieceworker p1(10000);
    Employee * emp[3] = {&s1, &t1, &p1};
    for(int i = 0; i < 3; i++)
    {
        emp[i] -> Pay();
            cout << "编号:"
                << emp[i] -> GetIndividualEmpNo()
                << " 本月工资:"
                << emp[i] -> GetAccumPay() << endl;
    }
}
```

但实际上,本程序却输出如下结果:

编号:1001   本月工资:0

编号:1002   本月工资:0

编号:1003   本月工资:0

1.5.2　动态绑定原理

在例 1－24 中为什么会出现与我们预想中不一样的情况呢? 这是因为编译程序在看到 emp[i]－>Pay()时,由于 emp[i]只是基类 Employee 的指针,自然只能执行基类的函数 Pay()。但是我们注意到,emp[i]虽然是基类 Employee 的指针,但实际上是各个派生类对象的地址。也就是说,在这个地址所包含的对象中不仅存在着基类的那个函数 Pay(),同时也存在着该基类的派生类的同名函数。如何让程序去执行派生类的同名函数,这正是我们需要解决的"多态性问题"。

我们知道,一个程序需要经历编译、链接(生成 exe 文件)到运行的三个过程。多态性问题在编译和链接阶段是无法解决的,只能在运行阶段去确定,这就是所谓的动态绑定(Dynamic Bounding 或称为动态联编)技术。相对地,我们把编译和链接阶段就能确定的绑定关系叫做静态绑定(图 1－2 所示)。

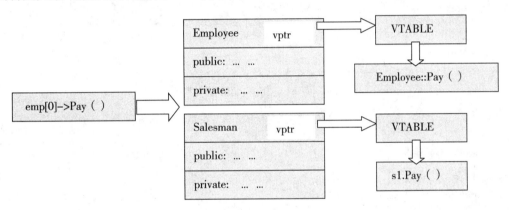

图 1－2　动态绑定的原理

如图 1－2 所示,为了实现动态绑定,在编译阶段要为每个有虚函数的类建立一个虚拟表 VTABLE。即在每个有虚函数的类的开始的地方留出一个指针 vptr,这个指针指向一个虚拟表,表中列出了当前对象的虚函数的地址。在执行时,当程序运行到 emp[0]－>Pay()时,程序按 emp[0]所指的地址找到对象 s1,再取出 s1 的 VTABLE 找到所要执行的函数。由于每次执行前并不知道要寻找的是哪个对象的 VTABLE,所以,这个过程是动态的。而静态绑定在编译阶段就已经确定好所要调用的函数的地址了。

回到前面这个 Employee 的例子中,要使得 Employee 的指针指向该类的派生类的对象,只需在例 1－20 中将函数 Pay()声明成虚函数就可以了。即:

virtual void Pay() { accumPay = 0; }

如果将该函数声明成:

virtual void Pay() = 0;

即表示该函数没有实体,是纯虚函数。C++ 中规定,有纯虚函数的类为抽象类。抽象类只能声明指针,不能生成对象。例如,将 Pay()写出纯虚函数后,写成"Employee * pEmp;"是可以的。但如果是"Employee emp;"就不行了。

另外,如果类中有纯虚函数,则这个类必须有派生类,并在派生类中实现这个函数,否则这个派生类也是抽象类。

1.5.3　关于虚函数的进一步探讨

还是看例 1－20、1－21、1－22 和 1－23 公司雇员的例子,我们发现有意思的是,虽然各派生类并没有改写函数 GetAccumPay( ),但在最后输出时却能输出不同的结果。这是由于各个派生类对变量 accumPay 有不同的赋值导致 GetAccumPay( )函数返回不同的值。

为了更好地说明这个问题,我们将这个过程简化一下,看如下例子:

例 1－25　多态性函数调用的例子

```cpp
#include <iostream.h>

class A
{
public:
    A() {}
    virtual void f() { cout << "A::f() called. \n"; }
};

class B : public A
{
public:
    B() { f(); }
    void g() { f(); }
};

class C : public B
{
public:
    C() {}
    virtual void f() { cout << "C::f() called. \n"; }
};

main()
{
    C c;     // 第1步:构造
    c.g();   // 第2步:调用g()
}
```

最后的输出是什么呢？分析这个程序分两步：

（1）第1步，先看构造的过程：C c；

c 的构造经历了 A( )→B( )→C( ) 三个阶段，而 B( ) 调用了 f( )。现在的问题是这个 f( ) 究竟是执行 A 的 f( ) 还是 C 的 f( )？这里要注意，虽然 f( ) 是虚函数，但构造函数不理会，因为在构造 B 的对象的时候，还没有 C 的对象，所以只能选择 A::f( )。

（2）第2步，c. g( )

这时，g( ) 该调用哪个 f( ) 呢？当然，虽然 g( ) 函数在 B 类，但它应该遵循虚函数的法则，调用派生类 C 的 f( )。

所以这个程序的输出是：

A::f( ) called.

C::f( ) called.

简单地说，有虚函数的类在调用虚函数时，如果对象中有派生类的话，虚函数机制遵从派生类优先的原则。

我们前面提到构造函数和析构函数有一个原则，构造时先基类后派生类；析构时先派生类后基类。为了实现这个原则，就必须做到：构造函数不能为虚函数，而析构函数必须为虚函数。

特别能说明多态性在程序中的应用效果的是链表。这会在数据结构部分中加以阐述。

1.6 模板

1.6.1 用模板定义的函数

模板（Template），简单地说，就是同样一种行为支持多种数据类型。这种行为可以是函数，也可以是类。在日常生活中有很多模板的例子，例如求职信的模板，制作模板的人把表格的格式和常用的介绍与问候语句都编好了，你只要把你的个人信息填进去就行了。再比如 C 语言中的加法，实际上包括很多种加法，有整数的加法，还有浮点数的加法。整数中有 char、short、long 等数据类型，浮点数有单精度与双精度之分。但其加法行为是相同的，而不同的数据类型，其加法的结果的数据类型也是不同的。下面先看一个简单的程序的例子：

例1-26 宏定义：MAX

```
#define   MAX(a, b)    ((a) < (b) ?   (b) : (a))

   int    main( )
   {
      cout << MAX(5, 6) << endl;
      cout << MAX(5.5, 6.5) << endl;

   }
```

例 1 – 26 中定义了一个宏定义函数,该宏定义可以支持 a 和 b 各种数据类型的值。但宏定义不是函数,它只能做代码替换,不能寻址执行。注意:其中 MAX 定义中 a 和 b 的括号不是可有可无的;还有,总体上加一个圆括号也是必需的,表示运算符 :? 的返回值。

宏定义虽然可以支持各种类型的立即数、变量,甚至表达式,但只是做替换,并不进行类型检查,也不能传递指针、引用等参数,因此安全性能比较差。如果改成函数,就需要用到模板的概念,如例 1 – 27。

例 1 – 27　模板举例:max

```
template    < typename    T >
const T& max(const T& a, const T& b)
{
    return  a < b ? b : a;
}


int    main()
{
    cout  << max(5, 6)   <<  endl;
    cout  << max(5.5, 6.5) << endl;
}
```

在此例中,这个 T 就代表了所有已定义的数据类型,如 char、short、long、int、float、double,等等。用了模板的方法可以使一个函数支持多种数据类型。但需要注意,模板并不意味着可以多格式混合运算;而且在函数中也需要考虑不同格式运算所造成的后果。

1.6.2　用模板定义的类

模板可以用到类的设计上,称为类模板。例 1 – 28 和例 1 – 29 是类模板的一个例子。该例子实现将一个未知数据类型(用 typename T 来表示,也可以写成 class T)的数据存放到 item 中,并提取出来。

例 1 – 28　模板类 Store 的声明

```
// 实现对任意类型数据进行存取
template < typename    T >
class Store
```

```
{
public:
    Store( ); // 默认形式(无形参)的构造函数
    T GetElem( );  // 提取数据函数
    void PutElem(T item);// 存入数据函数
private:
    T m_item; //用于存放任意类型的数据
    bool haveValue;// 用于标记 item 是否已被存入内容
};
```

例 1 – 29　模板类 Store 的实现

```
template < typename T >
Store < T > : :Store( ) : haveValue(false) { }
template < typename T >          // 提取数据函数的实现
T Store < T > : :GetElem( )
{  // 如果试图提取未初始化的数据,则终止程序
    if ( haveValue == false )
    {  cout << "No item present!" << endl;
        exit(1);
    }
    return m_item;       // 返回 item 中存放的数据
}
template < typename T >       // 存入数据函数的实现
void Store < T > : :PutElem(T item)
{  // 将 haveValue 置为 true,表示 m_item 中已存入数值
    haveValue = true;
    m_item = item;            // 将 x 值存入 item
}
```

　　用类模板设计的某个具体的类可称为模板类,这个模板类在调用时必须将"真实的类型"代到模板中去,这个真实的类型可以是已知的数据类型,如 int、short、long、float、double 等等,也可以是新建的类型。下面的代码(例 1 – 30)就是分别用已知的数据类型 int 和新定义的结构替换模板中的 T 的调用方式。

例 1 -30   模板类的调用

```
#include < iostream. h >
#include < cstdlib. h >
struct Student        // 结构体 Student
{
    int     id;  // 学号
float    score;    // 考试分数
};
main( )
{  // 用已知的数据类型填充模板
    Store < int > data;
    data. PutElem( 3);
    cout << data. GetElem( ) << endl;
    // 用新建的数据类型填充模板
    Student zhang = {1005, 87};
    Store < Student > info;
    info. PutElem( zhang);
    cout << "The student's id is "
        << info. GetElem( ). id << endl;
    cout << "   His score is "
        << info. GetElem( ). score << endl;
}
```

1.6.3   非类型模板参数

上面的模板类中用 typename 表示的参数为数据类型,属于类型模板参数(即参数为数据类型);模板类还有另外一种模板参数叫做非类型模板参数,即模板中填的不是数据类型而是数据。如例 1 -31,给出了一个计算机计算伪随机数的算法。用模板参数为整数,使得产生伪随机数的几个参数可以在调用时自由设置。非类型模型还可以与类型模板混合使用,达到一般程序不容易实现的效果。

例 1 -31   模板类中的非类型模板参数

```
#include < iostream. h >
template < int   Modulus, int Multiplier, int Addend >
class   Random
```

```
{   int   seed;
  public：
     Random( ) {   seed = 0; }   // 初始化 seed
     int   operator( )( ) // 函数调用运算符
   { return seed = ( seed * Multiplier + Addend)% Modulus; }
};


main( )
{
   Random <65536, 129, 13329 >   rand;   // 用整数参数填充模板
   for ( int i = 0; i < 100; i ++ )
      cout   << rand( ) << '\t';   // 调用函数调用运算符

}
```

例 1 - 32　　非类型模板参数与类型模板参数混合使用

```
template  < typename T, int MAXSIZE >
class Stack {
private：
     T elems[ MAXSIZE ];
     int numElems;
public：
     Stack( );
     void push( T const&);
     void pop( );
     T top( ) const;
     bool empty( ) const
     { return numElems == 0; }
     bool full( ) const
     { return numElems == MAXSIZE; }
};


template  < typename T, int MAXSIZE >
Stack < T, MAXSIZE > ::Stack( ) : numElems(0)
{
}
// 其他函数的实现省略
……
```

例 1 –32 给出了非类型模型与类型模板混合使用的例子。这个例子的调用方式如下：

Stack < int, 20 > int20Stack；// 数据类型为 int, 栈大小为 20

Stack < float, 40 > float40Stack；// 数据类型为 float, 栈大小为 40

Stack < string, 80 > stringStack；// 数据类型为 string, 栈大小为 80

模板的概念是对数据类型的一种抽象，它可以使一种算法（如上面例子中的数据存取、随机数的产生等）适用于任何一种数据类型。由于模板是一种包容器，只有当模板的参数实例化以后，模板类才可以实例化。模板的类型与非类型参数的混合使用，以方便使用。值得注意的是，模板的每一次实例化编译器都会生成一套实例代码，如果模板实例过多，就会产生所谓的"代码膨胀"，增加执行文件的代码。所以，在设计模板的时候，还是要尽可能减少不必要的参数，避免代码膨胀。

模板还有更为高级、更为复杂的应用形式，例如模板的继承、模板的嵌套、模板的特化，等等，这些问题留待感兴趣的读者进一步阅读其他参考资料。模板的概念在面向对象的语言中是一个非常重要的概念，在C++ 以后的面向对象的语言中，如 JAVA 和 C#等，模板的概念没有消失，而是进一步发展成了泛型。

思考题

1 – 1 为什么说类是一种关于对象的封装？

1 – 2 结构与类有哪些相同之处？有哪些不同之处？

1 – 3 根据你的编程经验，试举例说明有关指针使用的教训。

1 – 4 在什么情况下使用指针比较好？什么情况下使用引用比较好呢？

1 – 5 比较一下函数参数的三种形式：传值、传指针和传引用，指出各自的特点。

1 – 6 比较一下全局变量、静态变量和自动变量的异同。

1 – 7 对于流输入输出运算符，为什么必须用友元来定义？

1 – 8 试分析为什么运算符 + 的返回类型必须是传值的，而 + = 的返回类型可以是引用？

1 – 9 理解动态绑定的原理，用实际例子说明多态性的应用。

1 – 10 为什么必须做到：构造函数不能为虚函数，而析构函数必须为虚函数？

1 – 11 举出适合类型模板和非类型模板的应用实例。

习 题

1 – 1 设计一个 STUDENT 结构，使之具有学号（int ID）和成绩（int score）两个成员变量。由此再设计 CStudent 类，在这个结构的基础上增加缺省构造函数、拷贝构造函数、设置和获取学号和成绩，并编写输出测试程序。

1 – 2 在例 1 – 5 中添加拷贝构造函数，使类拷贝时能复制指针指向的内容。拷贝方法有两种，一是将数组中元素逐一拷贝；二是用函数 memcpy( )进行复制。

1 – 3 设计一个具有小区出入口车辆进出计数功能的类 CarCounter, 用 static 函数作计数器。成员变量int carnum 记录小区内部的汽车数量。该类应该随时可以报告小区内部汽车数量。编写 CarCounter 类,并编写该类的测试程序。

1－4 仿照 Complex 类,建立二维矢量类 Vector2D。要求重载 +、+=、*（内积）、%（矢积）等运算符。编写 Vector2D 类,并编写该类的测试程序。

1－5 仿照 Employee 类,建立形状类 Shape。以 Shape 为基类派生出 Line、Circle 和 Rectangle 三个派生类。设每个图形都有统一的形状编号 shapeNo,并设面积函数 Area( ) 为虚函数。这三种图形计算面积的方法各不相同,分别在派生类中实现。编写 Shape 及其派生类,并编写该类的测试程序。

1－6 对 Store 类进行扩展,将 item 改变成存放 item 的数组 array[ ]。函数PutElem( ) 将元素 item 添加到数组末尾;函数 GetElem( ) 从数组中取元素。

第2章

数据结构提要

2.1 概述

由多个基本类型或自定义类型的元素组成的集合称为群体数据。群体数据是计算机重要的研究对象,研究群体数据的存放形式(存储结构)和数据间的关系(逻辑结构)的学科称为"数据结构"。数据结构在计算机软件中无处不在。比如资源管理器中文件目录的结构、鼠标键盘输入的缓冲、高级语言编译程序的语义分析、数据库中记录的添加与删除等等,都涉及数据的存放与管理,都需要用到数据结构的原理与方法。对于应用软件来说,当软件需要处理群体数据的时候,软件必须设计一个合理的数据管理方式,这就需要选择一种数据结构及其有关操作。

应用软件当然要处理群体数据,很多情况下,群体数据在软件中的结构及算法支撑着整个软件的运行。比如一个带有菜单项,可响应用户鼠标消息的应用软件,鼠标的移动、点击所产生的位置和状态信息就构成了维持该应用程序运行的群体数据。应用程序不断地接收鼠标消息,先放进一个缓存等候处理,然后将每个消息分发出去,看看那个菜单项需要响应,再调用相应的函数。整个软件执行过程就是以鼠标消息的接收、分发、响应为主线进行运行的。在这种情况下,鼠标消息的数据结构就成为该软件的基本数据结构。而鼠标消息的不断地接收和处理维持着整个软件的"心跳",一旦这个过程被阻塞,程序就会"死机"。当然,应用程序不光是处理像鼠标键盘这样的数据,还有很多其他类型的群体数据,如在屏幕上绘图、读取文件、接收网络发送的数据等,这些都需要建立合适的数据结构加以管理。

本章内容不是数据结构的完整介绍和讨论,本章的目的只是通过几个典型的数据结构的实例使读者能理解一般数据结构的常用的方法,让读者真正理解用VC++进行数据结构设计的方法。如果读者希望系统地学习数据结构的知识,请参阅有关数据结构的专门书籍。

数据的逻辑结构分为两类,线性结构和非线性结构。线性结构包括散列表、堆栈、队列等;非线性结构包括树、图等。线性结构是最常用的逻辑结构,其存储结构有四种:顺序存储方法、链接存储方法、索引存储方法和散列存储方法。

限于篇幅,本章只讨论线性表部分。非线性结构留待读者进一步研究。

2.2　顺序存储方式：数组

2.2.1　二维数组的物理结构

顺序存储方式就是常说的数组方式,群体数据在物理上放在一起,可用指针寻址。例 2 - 1 是一个数组的例子,其中 monthName 是一个二维数组,它的物理存储方式如图 2 - 1。

每个 monthName[i]代表一个字符串,由于字符串必须以"\0"结尾,三个字母的字符串必须留出 4 个位置,否则,此例中,如将该数组改成 monthName[12][3]的话,编译程序就会报错:"array bounds overflow",表示数组边界溢出,意思是该字符串没有结束符。

二维数组 monthName 存储的是 12 个字符串,分别是 monthName[0],monthName[1],…,monthName[11],其中每个字符串长度为 4 个字节。char * pszMonth 是指向数组的指针,所以,char * pszMonth = monthName[month - 1];意味着指向第 month 个(从 1 开始计数)字符串。

另外,从图 2 - 1 可以看出,对于二维数组来说,第 2 维是比较重要的。第 2 维代表着这个字符串的长度。这个长度确定以后,其物理排列方式就定下来了,至于字符串的个数或多或少,不需要重新排列。所以这个语句也可以写成:

```
char monthName[ ][4] = { "Jan", "Feb", "Mar", "Apr", "May", "Jun", "Jul",
                         "Aug", "Sep", "Oct","Nov", "Dec" };
```

例 2 - 1　关于数组的例子

```cpp
#include <iostream.h>
main()
{
  char  monthName[12][4] = { "Jan", "Feb", "Mar", "Apr", "May","Jun",
                             "Jul", "Aug", "Sep", "Oct","Nov", "Dec" };
  int month;
  cin >> month;
  if ( month >= 1 && month <= 12 )
  {
    char * pszMonth = monthName[month - 1];
    cout << "Month Name =" << pszMonth << endl;
  }
}
```

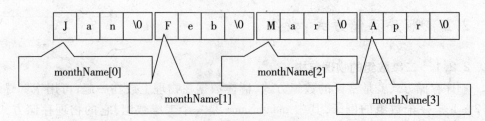

图2-1   数组存储结构

编译系统会自动根据后面的字符串的个数确定第1个维数。

数组名(如 monthName)也可以看作为指针。如果数组名看作为指针的话,则该数组名即为指向该二维数组的首地址的指针。

比如例2-1中语句: char * pszMonth = monthName[month-1];

换成指针表示法,则可以写成如下语句:

char * pszMonth = *(monthName + month-1);

等式右边的含义可以理解为以 monthName 为首地址的字符串数组,偏移 month-1 个字符串的位置,与 monthName[month-1] 意义相同。

但是,monthName 却不能理解为指向字符的双指针。比如上面的语句就不能表示成:

char * * ppMonth = monthName;

这是因为无论 monthName 是多少维的数组,monthName 只意味着该数组的首地址,而不会指向一个指针型变量。

由于 pszMonth 是一个指针型变量,所以下面语句是成立的:

char * * ppMonth = &pszMonth;

可以看出,双指针的意思是指向指针变量地址的指针。

2.2.2   关于数组的类

根据面向对象的思想,关于数组的操作当然可以封装成一个类。下面我们将尝试着进行这项工作。请看例2-2给出的数组类 Array 的定义。

例2-2   数组类 Array 的定义

```
class Array
{
public:
    Array ( int size = 0, char * ptr = NULL ); // default constructor
    Array ( const Array& ); // copy constructor
    ~ Array ( ); // destructor
    char * GetPtr( ) const { return m_ptr; }
    int GetSize( ) const { return m_size; }
    void SetArray( int size, char * ptr );
```

```
private：
      int * m_ptr；// pointer to the first element of the array.
      int m_size；
}；

Array：：Array（int size，char * ptr）：m_size（size），m_ptr（NULL）
{
      SetArray（size，ptr）；
}


Array：：Array（const Array& ar）
{
      SetArray（ar.m_size，ar.m_ptr）；
}


Array：：~ Array（）
{ if（ m_ptr ！ = NULL ）delete[ ] m_ptr；}

void Array：：SetArray（int size，char * ptr）// 有问题的函数！
{
      m_size = size；m_ptr = ptr；// 数组的浅拷贝！
}
```

注意,这个例子是有问题的。我们看 SetArray( )这个函数这样写正确吗？为了验证这个函数的缺陷,我们看关于这个类的测试程序：

```
#include ＜ iostream. h ＞
#include ＜ string. h ＞
main( )
{
      char str[9]；
      strcpy( str,"Software" )；
      // 注意：此处不能用 char * str = "Software"；因为这个字符串是只读的。
      Array ar1(8,str)；
      Array ar2(ar1)；  // 调用拷贝构造函数,其中调用了 SetArray( )
      str[0] = '6'；// 改变数组内容
      cout ＜＜ ar1. getPtr( ) ＜＜ " "；
      cout ＜＜ ar2. getPtr( ) ＜＜ endl；
}
```

在这个例子的最后输出是:

6oftware   6oftware

我们注意到 ar1 和 ar2 中的成员 m_ptr 都是指向 main( )中的 str 的。当 str 的内容改变时,ar1 和 ar2 这两个对象也同时被改变了。这两个对象没有独立性,显然,这样的对象是没有意义的。

为了使对象具有独立性,需要重新改写 SetArray( )函数。该函数应写成如下形式:

```
void Array::SetArray( int size, char * ptr)
{
    if ( size == 0 || ptr == NULL )   return;
    if ( m_ptr != NULL ) delete[ ] m_ptr; // 释放原数组
    m_size = size;
    m_ptr = new char[ size +1]; // 申请新的空间
    strcpy( m_ptr, ptr);   // 数组的深拷贝!
}
```

这样修改后的程序,再运行时,无论 str 如何变化,ar1 和 ar2 都不会有任何改变。也就是说,ar1 和 ar2 是独立的。其原因是 SetArray( )完成了一次深拷贝,而不是像前面例 2 - 2 中那样的浅拷贝。

2.3　链式存储方式:链表

2.3.1　链表的物理结构

与顺序存储方式不同的是链式存储方式,即链表(List)。链表的概念不是C++ 才有的,在 C 语言中就有链表的概念。我们先看一下 C 语言中关于链表的定义。首先定义一个结构:

```
struct NODE
{  int data;   NODE * next; }
```

这个结构与一般结构的不同之处在于它有一个指向自身的指针 next。由这个结构所声明的对象被称为结点(node)。链表就是由一系列这样的结点组成,它们彼此用指针连接,称为链接(link)。

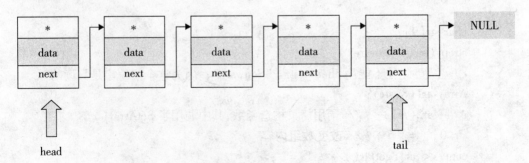

图 2 - 2　链表的结构图

　　链表的特点是"链接"。其每个结点的物理位置不是顺序排列的,结点的位置靠各结点的指针彼此链接。如果是单指针(每个结点只有一个指针),则必须记录首结点。需要遍历结点时,从首结点开始一个一个往下找,不能跳跃。比如从第一个结点无法知道第三个结点的位置,而且每个结点也不知道上一个结点位于何处。只有找到首结点,才可以遍历整个链表。

2.3.2　尾部添加新结点

关于结点的定义和在链表尾部添加结点的操作如例 2 – 3。

例 2 – 3　结点的定义和尾部添加结点的操作

```
struct NODE
{ int data; NODE * next; };

NODE * head = NULL; // 指向链表的首结点
NODE * tail = NULL; // 指向链表的尾结点

void AddTail( int d ) // 在尾部添加一个新的结点
{
    // 创建新的结点
    NODE * newNode = new NODE;
    newNode -> data = d;
    newNode -> next = NULL;
    // 设置第一个的结点
    if ( head == NULL )   head = tail = newNode;
    else // 添加新结点到末尾
    {
        tail -> next = newNode; //  尾部结点指针指向新结点
        tail = tail -> next; //  将尾部指针移到新的尾部
    }
}
```

　　首先,将新结点添加到链表尾部的函数 AddTail( )。这个过程分为两步,第 1 步是创建一个新的结点,注意,由于新结点是尾部结点,所以其 next 指针必须赋值为 NULL;第 2步:检测当前链表是否为空。如果是空,则将 head 和 tail 指针都指向这个新的结点。如果非空,则将尾部结点的 next 指针指向新的结点,再移动尾部指针 tail 即可。

2.3.3　删除结点

再看删除操作,如例 2－4 中 DeleteAt(int n)函数,删除第 n 个结点。首先检测 n 是否为负数或当前链表是否为空;然后分两种情况:

① n ==0 表示删除首结点。首结点被删除时会影响到指向首结点的指针 head。所以,需要将 head 移动到下一个结点,然后再删除首结点。还要考虑删除这个结点以后链表为空的情况。

② 考虑 n >0 的情况。链表与数组不同,数组要定位到第 n 个成员,只要作一个偏移就可以了,因为各成员是按顺序排列的;但链表不同,链表是靠指针联系的。对于本例单指针链表来说,各结点为"单线联系"。所以查找第 n 个结点必须从 head 开始,一个一个结点往下找。在查找途中应考虑链表会不会已到尾部,如果已到尾部则应提前结束。循环结束后可用 if(i == n)语句检测 for 循环是否正常结束了。如果 i == n 表明 for 循环没有中途退出,已经成功地找到了第 n 个结点,然后删除该结点。操作见图 2－3。

例 2－4　删除第 n 个结点

```
void    DeleteAt( int n)// 删除链表中第 n 个结点
{
    if ( n < 0 || head == NULL ) return; // n <0 或链表为空
    if ( n == 0 ) // 删除首结点
    {
        NODE * temp = head;
        head  = head -> next;  // 链表头指针移到下一个
        delete temp;
        if ( head == NULL )  tail = NULL; // 此时链表为空
    }

    else // 删除非首结点
    {   NODE * pNode = head;  // 从 head 开始查找
        for( int i =0;i < n; i ++ )
        {
            if ( pNode -> next == NULL )  break; // 已到尾部
            else  pNode = pNode -> next; // 移动指针
        }
        if ( i == n ) // 表明上面 for 循环正常结束
            delete pNode; // **注意:此处尚未考虑链表指针问题!**
    }
}
```

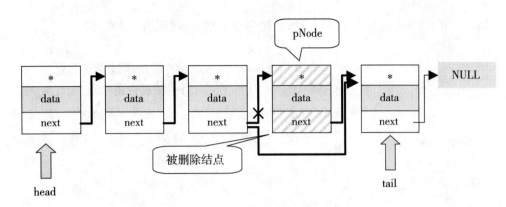

图2-3 链表结点的删除操作

现在虽然第 n 个结点被删除了,但程序却有严重错误!这个错误就是链表的指针。因为链表是靠指针连接的,就像链条一样,中间一环缺失后这个链条就中断了。要使链条连接起来,就必须将第 n 个结点的前一个结点的指针与后一个结点连接起来。如果没有后一个结点,则要将前一个结点设为尾结点。但对于单指针链表来说,现在的问题是当找到第 n 个结点时,前一个结点的指针已经丢失,因为此时 pNode 指针已经挪到了当前的结点上。所以为了在寻找第 n 个结点的过程中不至于"遗忘"前一个结点的链接指针,所以我们设置一个指针变量来记录前面的指针。这样可使程序完整,实现代码如例2-5 所示。

例2-5 删除第 n 个结点的补充代码

```
void DeleteAt( int n)// 删除链表中第 n 个结点
{
    …… // 此处与上例代码相同
    else // 删除非首结点
    {   NODE * pNode = head; // 从 head 开始查找
        NODE * pPrevNode = NULL; // 记录前一个结点的指针
        for( int i = 0;i < n; i ++ )
        {
            if ( pNode -> next == NULL ) break; // 已到尾部,中途退出
            else
            {
                pPrevNode = pNode; // 将当前的指针保存起来
                pNode = pNode -> next; // 移动指针到下一个结点
            }
        }
```

```
        if ( i == n ) // 表明上面 for 循环正常结束,找到第 n 个结点
        {
            pPrevNode -> next  =  pNode -> next; // 链接跳过当前结点
            if ( pNode -> next  ==  NULL ) // 当前结点为尾结点
                tail  =  pPrevNode;
            delete pNode; // 删除当前结点
        }
    }
}
```

2.3.4　插入新结点

仿照上述例子还可以进行第 n 个结点处新的结点的插入,插入过程如图 2 - 4 所示,如例 2 - 6。

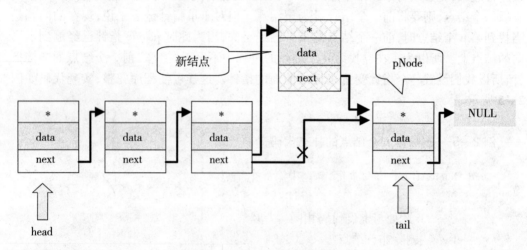

图 2 - 4　链表结点的插入操作

例 2 - 6　在第 n 个结点之前插入新的结点

```
void   InsertNew( int d, int n)// 创建新结点并插入到第 n 个结点之前
{
    if ( n < 0 ) return; // n < 0    退出
    // 创建新的结点
    NODE * newNode  =  new NODE;
    newNode -> data  =  d;
    newNode -> next  =  NULL;
```

```
    if ( n == 0 ) // 新结点作为首结点
    {
      newNode -> next  = head;
      head  = newNode; // 新结点作为首结点
      if ( tail == NULL )  tail = head; // 此时链表只有一个结点
    }
    else // 插入到第 n 个结点前
    {  NODE * pNode = head;  // 从 head 开始查找
      NODE * pPrevNode = NULL; // 记录前一个结点的指针
      for( int i = 0; i < n; i ++ )
      {
        if ( pNode -> next == NULL )  break; // 已到尾部,中途退出
        else
        {
          pPrevNode  = pNode; // 将当前的指针保存起来
          pNode = pNode -> next; // 移动指针到下一个结点
        }
      }
    if ( i == n ) // 表明上面 for 循环正常结束,找到第 n 个结点
    {
        pPrevNode -> next = newNode; // 前结点链接新结点
        if ( pNode == NULL )  // 表明已到尾部
          tail = newNode;
        else
          newNode -> next = pNode -> next; // 新结点链接后结点
      }
    }
}
```

　　链表还有一个重要的操作是遍历(travel),我们以删除全部结点为例,看遍历操作。见例 2-7。遍历的过程就是将 pNode 指针从 head 开始,一直移动到尾结点,即指针 pNode 为 NULL。删除每一个结点。在删除过程中要注意,链表访问需要靠每个结点中的 next 指针,但如果是删除操作,一旦该结点被删除后,其 next 指针也会随之消失。所以,应该事先保存这个指针,再删除该结点。如果不是删除操作就不必这么啰嗦了。

例 2 -7　删除所有结点

```
void DeleteAll( )// 删除链表中所有结点
{
  NODE * pNode = head; // 从 head 开始查找
  while( pNode ! = NULL ) // 遍历各结点,逐点删除
  {
    NODE * pNext = pNode -> next; // 保存指向下一个结点的指针
    delete pNode; // 删除该结点
    pNode = pNext; // 移动指针到下一个结点
  }
  head = tail = NULL; // 链表已为空
}
```

上述例子中的链表是基于单指针结点的,双指针结点如下面的定义:

struct NODE

{ int data; NODE * prev; NODE * next; };

如果结点是双指针,由于可以双向操作,插入、删除等操作实现起来就要容易得多。当然由于在结点定义中增加了一个指针;也就增加了内存开销,这是双指针付出的代价。

2.4　线性表特例:栈

2.4.1　栈的基本概念

栈(stack)在程序设计中有两种含义,一是指临时分配的空间(也称堆栈),与堆(heap)相对应(堆的意思是操作系统提供的可用内存)。比如为函数的参数列表及自动变量分配的空间,当函数结束后就会自动释放。而 heap 是指可用的内存空间,必须用 new 去申请,如果不用 delete 去释放,即使程序退出后,这部分内存也不会释放,直到关机。

栈的另一种含义是数据结构中的一种算法,表示一种特殊的线性表,在程序设计中被广泛地使用。栈就好比是只有一个出口的容器,而装到该容器中的元素又必须是线性存放的,如图 2 - 5(a)。栈有一个栈顶指示器 top。当添加一个新元素时(称为压栈 push),top 指针就上升一个元素,如图 2 - 5(b);当删除一个栈中的元素时(称为出栈 pop),top 指针就降低一个元素如图 2 - 5(c)。栈的工作方式被称为先进后出(First-In-Last-Out Filo)。

由于临时空间的分配是采用栈的这种数据结构,所以临时空间就被称为"栈"。

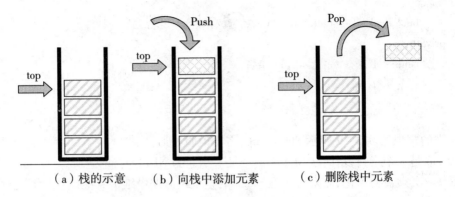

（a）栈的示意 （b）向栈中添加元素 （c）删除栈中元素

图2-5 栈的结构与操作

2.4.2 用链表方式实现栈的操作

下面我们来设计这个栈的操作程序。由于栈是一种特殊的线性表,其设计方式当然与线性表类似。为了使代码具有通用性,我们用模板 template 来设计程序,并且采用链式存储方式。

创建头文件 stack.h,见例2-8。首先定义 Stack 的结点(即图2-5中的"元素"):Node。与前面的定义不同的是,data 的数据类型采用模板的方式来定义,使这个结点在数据类型方面具有一定的通用性。随后定义的 Stack 类是对结点 Node 的管理。Stack 类提供了关于结点的行为有:①初始化(在构造函数中);②是否为空的检测:IsEmpty();③压栈:push();④出栈:pop();⑤查看:Peek()。

例2-8 类 Stack 的定义 stack.h

```
template < typename T >
class Node      // Stack 结点的定义
{  public:
     T data;
     Node * next;
};
template < typename T >
class Stack
{  public:
     Stack():top(NULL) {}  //  初始化 top 指针为 NULL
     bool IsEmpty() const
     { return top == NULL;}  // top 为 NULL 时 Stack 为空
     void Push(const T data);  // 压栈
     bool Pop(T * data);  // 出栈
```

　　　　bool Peek(T * data) const; // 查看 Stack 是否为空
　　private:
　　　　Node < T > * top; // top 指针
　　};

该类的实现见例 2 - 9 所示 Stack. cpp,需要说明如下:

① top 是一个指针,指向栈顶元素的地址。当它为 NULL 时栈为空。

② top 必须被初始化,而且必须在 Stack 的整个生命期中维护其准确性,因为这个 top 指针是 Stack 的一个标志,top 错误会导致 Stack 无法管理。

③ Pop( )和 Peek( )运行结果都是获取栈顶元素,但 Peek 只是获取并不删除,而 Pop ( )则获取后立即删除原来的栈顶元素。

　例 2 - 9　类 Stack 的实现:Stack. cpp

```cpp
template < typename T >
void Stack < T > : : Push(const T data)
{
    Node < T > * node = new Node < T > ();
    node -> data = data;
    node -> next = top; // 新结点与栈顶元素链接
    top = node; // 提升栈顶指针
}


template < typename T >
bool Stack < T > : : Peek(T * data) const
{
    if(IsEmpty( )) return false;
     * data = top -> data; // 拷贝栈顶元素的内容
    return true;
}


template < typename T >
bool Stack < T > : : Pop(T * data)
{
    if(IsEmpty( )) return false;
     * data = top -> data; // 拷贝栈顶元素的内容
    Node < T > * node = top;
```

```
        top = top -> next;  //  移动栈顶指针
        delete node;   //  删除原来的栈顶元素
        return true;
    }
```

具体运行实例如下：

```
#include  < stdio. h >
#include  < iostream. h >
#include  "Stack. h"
main( )
{
    Stack < int >  * s  =  new Stack < int > ( ); //  数据类型为 int
    for( int i = 0; i < 5; i ++ )
        s -> Push ( i ); //  压进 5 个数：0 1 2 3 4
    int num;
    while( ! s -> IsEmpty( ) )
    {
        s -> Pop( &num ); //  弹出 5 个数：4 3 2 1 0
        cout << num    << " ";
    }
}
```

运行结果：

 4 3 2 1 0

需要特别注意的是，Peek(T * data) 和 Pop(T * data) 的参数 data 是用作返回的参数，它返回的不是指向栈顶元素的 data 的指针，而是将栈顶元素的 data 拷贝到这个指针所代表的地址中。所以在调用之前必须先申请一个 data 的变量，运行后会得到所查看或出栈的 data。

数据结构栈在软件设计中有很多应用，例如递归算法、数字制式转换、算术表达式求值，等等。

2.5　线性表特例：循环队列

2.5.1　队列的基本概念

队列(queue)也是一种特殊的线性表。队列的意思就像我们平时买东西需要排队一样，大家按次序排队，后到的排在队列的末尾，先到的先接受服务。这种做法称为先进先出(First-In-First-Out　FIFO)。队列有非循环队列和循环队列两种。非循环队列一般采用链表结构，可以在线性链表的基础上，限制读取和添加结点的操作：只能读取表头 head 所指向的结点；添加新结点时只能添加到该链表的尾部。非循环队列由于采用链表存储方式,结点的个数不受限制。但是,对于那些要求快速有效的数据处理的队列结构,应用更多的还是循环队列(circular queue)。循环队列见图 2 – 6,一般用数组,所容纳的最大元素个数是固定的,即数组大小固定。循环队列中的循环的意思是数组头尾相接,连成一个圆圈。由于数组中各元素的位置是固定的,所以需要用循环连接来充分利用数组的存储空间。

　　如图 2 – 6 所示,整个圆圈代表循环数组。这个数组的大小是固定的。小圆代表各个元素。其元素个数是不能超过数组的大小。有两个元素位置的索引,front 代表队首元素,rear 代表队尾元素的下一个空位。获取元素时从 front 位置取出一个元素,然后 front 后移一个位置;添加元素时将新元素放在 rear 所指的位置上,然后 rear 后移一个位置。

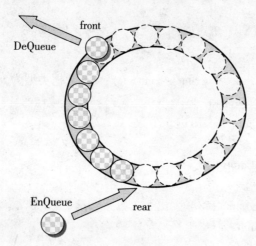

图 2 – 6　循环队列的结构

2.5.2　循环队列的实现

　　关于循环队列的定义和操作的完整的程序见例 2 – 10 和例 2 – 11。这个程序的设计目标是可以支持任意的数据类型,实现循环队列的数据结构。

　　这个实现的代码可分为两部分,一部分是工具类的,如检测是否为空、是否已满、初始化、释放空间、清除元素、获取元素个数,等等;第二部分则是操作类的,如入队、出队、查看等操作。

　　关于队列程序的说明如下:

　　① 本程序默认的数组大小为 nDefaultSize = 50,可以在构造时指定一个任意整数。

　　② 由于数组是用 new 申请获得的,在析构时必须用 delete 释放这个空间。

　　③ 函数 Exit( )将释放队列中的数组空间。

　　④ 函数 Init( )允许重新申请空间,而 Clear 只是清除当前所有元素。

　　⑤ EnQueue( )和 DeQueue( )分别是添加队尾元素和获取队首元素。而 PeekFront( )只是查看队首元素,对队列无影响。

　　⑥ 实现循环数组效果的是 EnQueue( )和 DeQueue( )函数中的取模(%)运算。

例 2 – 10　类 Queue 的定义：queue. h

```
const int nDefaultSize = 50;

template < typename T >
class Queue
{
private：
    T ∗ qlist；// 指向存放队列元素的数组的指针
    int size；// 队列大小(容量)
    int front；// 队首位置
    int rear；// 队尾位置(最后一个元素的下一位置)
    int count；// 队列中元素的个数
public：
    Queue( int initSize = nDefaultSize)；//构造函数
     ~ Queue( )；// 析构函数
    void Init( int initSize = 0)；// 将队列初始化
    void Exit( )；// 释放队列存储空间
    void Clear( )；// 只是清除队列中元素
    bool IsEmpty( )；// 判断队列是否为空
    bool IsFull( )；// 判断队列是否已满
    int GetCount( ) { return count；} // 元素的个数
    bool EnQueue( const T &item)；// 队尾添加元素
    bool DeQueue( T &data)；// 获取队首元素
    bool PeekFront( T &data)；// 查看队首元素
};
```

为了实现元素位置的循环对接，用取模的方法。具体做法是将 front 和 rear 按数组的大小 size 取模。

例 2 – 11　类 Queue 的实现：queue. cpp

```
template < typename T >
Queue < T > ::Queue( int initSize) : size(0) //构造函数
{
    Init( initSize)；
}
```

```cpp
template  < typename T >
Queue < T > :: ~ Queue( )  //  析构函数
{
    Exit( );
}
template  < typename T >
void Queue < T > : : Init( int initSize/ * =0 */)
{
    Exit( );//释放原来的空间
    if( initSize >0)
    {
        qlist = new T[ initSize ] ; //  申请新的空间
        size = initSize;
    }
}


template  < typename T >
void Queue < T > : : Clear( )  //  清除队列中元素
{
    front = rear = count = 0;
}


template  < typename T >
void Queue < T > : : Exit( )  //  释放队列存储空间
{   Clear( );
    if( size > 0 )
    { delete[ ] qlist; qlist = NULL; }  //  删除现有空间
    size = 0;
}


template  < typename T >
bool Queue < T > : : IsEmpty( )  //  检测是否为空
{
    return ( count == 0 );
}
```

```
template < typename T >
bool Queue < T > : : IsFull( )  // 检测是否已满
{

    return ( count == size );

}


template < typename T >
bool Queue < T > : : EnQueue( const T &data )  // 队尾添加元素
{

    if( IsFull( ) )   // 队列已满,添加失败!
        return false;
    qlist[ rear ] = data;  // 将新元素添加到队尾
    rear = ( rear + 1 ) % size;  // 队尾位置后移
    count ++ ;
    return true;

}


template < typename T >
bool Queue < T > : : DeQueue( T &data )  // 获取队首元素
{

    if( IsEmpty( ) )   // 队列为空,获取失败!
        return false;
    data = qlist[ front ];  // 获取队首元素
    front = ( front + 1 ) % size;  // 队首位置后移
    count -- ;
    return true;

}


template < typename T >
bool Queue < T > : : PeekFront( T &data )   //  查看队首元素
{

    if(   IsEmpty( )  )  //  队列为空,查看失败!
        return false;
    data = qlist[ front ];  //  获取队首元素,但不移动队首位置
    return true;

}
```

思考题

2－1　二维数组在内存中是如何排列的？一个二维数组声明时为什么可以写成：char monthName[ ][4]？

2－2　一维数组名可以当作指针使用，二维数组名能作为双指针来使用吗？为什么？

2－3　链表与数组相比有哪些优缺点？

2－4　递归函数调用的过程实际上就是栈的一个应用，用基于栈的算法来描述递归算法的实现过程，递归函数举例如下：

```
int fun(int a)
{
  if(a ==1) return 1;
  else
  {
    a = a * fun(a-1);
    return a;
  }
}
```

习　题

2－1　仿照 Stack 类编写一个类，将其中结点的链表形式改成数组形式。

2－2　仿照 Queue 类编写一个类，将其中数组形式改变成链表形式。

2－3　设计一个程序，用栈和模板的方法把任意十进制整数转换为二至九之间的任一进制数输出。

2－4　将循环队列程序 Queque 类的定义改成

```
template  <typename T, int SIZE >
class Queue  { ... };
```

其中 SIZE 代表队列中元素的个数，请重新设计这个类。

第二部分

MFC编程技术

第 3 章

VC++ 简介

3.1　概述

Windows 系统是抢先式、多任务的操作系统,所谓多任务是指多个程序可以同时运行。多任务的形式是以窗口的形式表现出来的,微软将多任务的操作系统称为 Windows,可谓是名副其实。与其他语言,如 BASIC、FORTRAN、PASCAL 等语言不同,C 语言和C++语言本身不包括编译工具。C++ 语言的规范由国际标准化组织 ISO 来维护。而编译工具可由各公司根据 ISO 公布的语言标准编制开发工具。在 Windows 下的C++ 开发工具目前最流行的是微软公司的 Visual C++ 和 Borland 公司开发的C++ Builder。本文采用的开发工具是 Visual C++ 6.0。Visual C++ 6.0 是微软公司推出的开发 Win32 应用程序(Windows 95/98/2000/XP/NT)的、面向对象的可视化集成开发工具,是微软公司推出的 Microsoft Visual Studio 6.0 系列开发工具中的一种。微软的开发工具至今已推出VC++.NET2005,并正推出VC++.NET2008,其功能也比前期有不少改进和完善。但作为初学者,使用 Visual C++ 6.0 作为入门级的开发工具具有安装容易、资源需求少、容易学习等特点。本书实际例程都以 Visual C++ 6.0(下面简称 VC)为基本软件开发工具。由于本书的重点在于学习软件开发的方法,其中引述的原则和实例完全可以用 VC6 的后继版本来实现。

VC 分两个部分,一部分为 API(Application Programming Interface)函数;另一部分为 MFC(Microsoft Foundation Class Library)。

API 函数就是指 Windows 系统提供的可全局调用的函数,这些函数涵盖了 Windows 操作系统所支持的大部分功能。所有主要的 Windows 函数都在 Windows.h 头文件中进行了声明。Windows 操作系统提供了 1000 多种 API 函数,通过这些函数,开发人员可以调用 Windows 操作系统所支持的功能来构建 Windows 程序。

MFC 是一个类库,其中有一个很大的C++类层次结构,它提供了功能强大的 MFC 类库。这些类封装了 Windows 操作系统所支持的应用软件的功能,如线程、窗口、消息响应等,为这些功能提供了用户接口的标准实现方法。MFC 还提供了一个应用程序框架,程序员所要做的就是通过这个框架把具体应用程序代码填入这个框架中。

MFC 是建立在 API 的基础之上的程序框架和一些工具类。也就是说,没有 MFC 程序员也完全可以用 API 编写 Windows 应用软件。但 MFC 建立的应用程序框架使得程序员不再重复编写那些常用的窗口程序代码。这个应用程序框架简化了编程工作,减少了程序员的工作量,使应用程序的构建更加规范,并具有可视化编程的功能。

作为开发人员,要全部记住这些函数和类调用的语法是完全不可能的,而且也是没有必要的。那么我们如何才能更好地去使用和掌握这些函数呢?第一,你需要理解整个 MFC 的体系,使你开发的程序符合 MFC 的设计理念;第二,要记住一些常用的类和函数;第三,MFC 的源代码是完全开放的,可以在 VC98 下 MFC 的目录下找到。你可以根据源码学习它的编程方法和技巧,当你成为高手后还可以根据你的需要改写这些代码;第四,可以在 MSDN98(Visual Studio 的帮助系统,安装后可以在 VC6 中直接访问)中查找;第五,你应该储备一些参考源代码,已备以后编程时参考;第六,就是请教高手。可以向老师、同学、朋友求教或通过网络等方式寻求正确答案。

本书 MFC 编程技术部分并不是 VC 的入门教程,所以并不打算教你如何具体构建 VC 程序。而是通过介绍 VC 的程序设计方法来阐述应用软件的设计方法。关于 VC 入门方面读者可参考其他有关资料。

3.2　MFC 基本知识

3.2.1　MFC 的数据类型的表示

MFC 有其特殊的数据类型表示方法。为了使程序具有可移植性,MFC 建议除了 int 和 void 这两个数据类型以外,其他的数据类型应该使用 MFC 提供的数据类型的写法。表 3 - 1 表示了 MFC 推荐使用的(用大写字母表示)数据类型表示与 C++ 语言中规定的数据类型的对应关系。

表 3 - 1　MFC 中的数据类型定义

字节数	有符号	对应类型	无符号	对应类型
1	CHAR	char	BYTE / UCHAR	unsigned char
2	SHORT	short	WORD / USHORT	unsigned short
4	LONG	long	DWORD / ULONG	unsigned long
8	LONGLONG	long long	ULONGLONG	unsigned long long
4	FLOAT	float		
8	DOUBLE	double		
4	BOOL	int		

int 是在 VC 中是一种特殊的数据类型,它与操作系统的位数有关。在 Win16(Windows 3. X 等)下是 16 位整数,在 Win32(Windows 98/ME/NT/2000/XP 等)下为 32 位整数,将来有 64 位系统下就是 64 位整数,即与计算机中操作系统所支持的通用寄存器的位数一致。还有一个值得注意的是 BOOL,与 C++ 语言中的 bool 定义有微妙的差别。按照 C++ 语言的规范,bool 的值只有两个,true 和 false,是 8 位(一个字节)数据。而 MFC 中的 BOOL,是用 int 定义的,规定 FALSE = 0 为假,TRUE 和其他非零值都为真。这种规定给编程带来方便,在逻辑判断时不用进行类型转换了。

由于 int 这个数据的不确定性,在数据运算和存储时需要特别小心,避免不同位长的操作系统在运行程序时出现数据错误。

3.2.2　匈牙利变量命名法

在编程时,变量、函数的命名是一个极其重要的问题。为了程序的可读性,规范的程序要求有程序设计文档、程序间的注释和意义明确、容易理解的变量与函数命名。好的命名方法使变量易于记忆且大大提高程序的可读性。在命名方面,除了命名要有意义外,还有一个重要的方法是给变量前面加前缀来说明变量的类型,以避免变量类型的错误使用。

Microsoft 采用匈牙利命名法来命名 API 函数和变量。匈牙利命名法是由 Microsoft 的著名开发人员、Excel 的主要设计者之一查尔斯·西蒙尼在他的博士论文中提出来的,由于西蒙尼的国籍是匈牙利,所以这种命名法叫匈牙利命名法。

匈牙利命名法为标识符的命名定义了一种非常标准化的方式,这种命名方式是以两条规则为基础:

① 标识符的名字以一个或者多个小写字母开头,用这些字母来指定数据类型。

② 在标识符内,前缀以后就是一个或者多个第一个字母大写的单词,这些单词清楚地指出了源代码内那个对象的用途。

简单地说,匈牙利命名法的基本原则是:变量名 = 属性 + 类型 + 对象。属性部分规则如表 3 - 2。

表 3 - 2　匈牙利命名法关于属性的记法

属　性	前　缀	举　例
全局变量	g_	int g_iCounter;
类成员变量	m_	int m_iCounter;
静态变量	s_	static int s_iCounter;

关于匈牙利命名法的类型的写法并不完全统一,我们按照 MFC 中推荐使用的类型表示如表 3 - 3。

表 3 - 3　MFC 中各种数据类型的匈牙利命名法

类　型	前　缀	举　例
字符数组(Array)	sz	char szName[20];
指针(Point)	lp/p	int * piBuffer = new int[20];
函数(Function)	fn	int (* pfnFunction)(int iParam);
句柄(Handle)	h	HGLOBAL hGlobal;
int	i	int iVariable;
SHORT/LONG	n	SHORT nVariable;
BOOL	b	BOOL bFlag;

续表

类　型	前　缀	举　例
BYTE	by	BYTE byData;
CHAR	ch	CHAR chLetter;
WORD	w	WORD wNumber;
DWORD	dw	DWORD dwNumber;
FLOAT	flt	FLOAT fltDistance;
DOUBLE	dbl	DOUBLE dblDistance;

　　类也可以当作数据类型使用,如 CString 用 str 作前缀。还有些复合用法,如字符串数组,按习惯写法应写成 lpsz,如 char ＊ lpszMyName ＝ new char[20];。

　　匈牙利命名法是为了增加程序的可读性,并避免不同类型的数据的使用错误。在使用中需要注意以下几个方面:

　　① 可以有一定的灵活性,只要不影响可读性就可以了。比如:

$$for　(　int　j＝0;　j　＜　30;　j＋＋)　\{　……\}$$

中的 j 就没有必要非写成 iNum 不可。

　　② MFC 有很多类,其声明变量的前缀的写法应参考 MFC 例程中的写法。

　　③ 自己新建的类,如何设计这个前缀? 一般以字母缩写能使别人容易理解为原则。

3.2.3　几种常用的工具类

先看 CSize 的定义。首先定义结构 SIZE,关于这个结构说明如下:

　　① typedef 的作用是将这个 struct 定义成一个数据类型。

　　② PSIZE 和 LPSIZE 均表示指向 SIZE 的指针,在 16 位操作系统下 PSIZE 表示 16 位指针,而 LPSIZE 表示 32 位指针。在 32 位系统下两个指针没区别。

　　③ 在 MFC 中,struct 与 class 可以同等看待,只有两个不同之处,struct 的默认成员都是 public 的成员,而 class 的默认成员是 private 的;其次就是 struct 如果没有构造函数的话,可以用大括号方式初始化,如写成:SIZE sz ＝ {125,235};而 class 是不可以的。

　　下面 CSize 是从结构 SIZE 中派生而来,主要实现了各种构造函数和可能的运算,是 SIZE 的行为的定义。

　　例 3－1　MFC 中关于 CSize 的定义

```
// 关于 SIZE 的定义
typedef struct tagSIZE
{    LONG        cx;
     LONG        cy;
} SIZE, ＊ PSIZE, ＊ LPSIZE;
```

```
class CSize : public tagSIZE
{
public:
    CSize();
    CSize(int initCX, int initCY);          ┐
    CSize(SIZE initSize);                    ├ 构造函数
    CSize(POINT initPt);                     │
    CSize(DWORD dwSize);                     ┘
BOOL operator == (SIZE size) const;
    BOOL operator! = (SIZE size) const;      ┐
    void operator += (SIZE size);            │
    void operator -= (SIZE size);            │
    CSize operator + (SIZE size) const;      │
    CSize operator - (SIZE size) const;      ├ 运算任重载
    CSize operator - () const;               │
    CPoint operator + (POINT point) const;   │
    CPoint operator - (POINT point) const;   │
CRect operator + (const RECT * lpRect) const;│
CRect operator - (const RECT * lpRect) const;┘
};
```

我们再来看关于这个类的使用。看例3-2关于SIZE的运算。显然,对于SIZE来说这种运算是不成立的。结构中没有定义运算符,运算符在它的派生类CSize中。那么,在这个例子中如何调用CSize的功能呢? 正确的调用方法在例3 3中。

例3-2　关于 SIZE 的运算

```
SIZE sizeBox1 = {20,40};
SIZE sizeBox2 = {60,30};
SIZE sizeBox3 = sizeBox1 + sizeBox2; // 这是不正确的!
```

例3-3　调用 CSize 的运算

```
SIZE sizeBox1 = {20,40};
SIZE sizeBox2 = {60,30};
```

```
CSize sizeBox(sizeBox2); // 将 struct 转为 class
CSize sizeBox3 = sizeBox + sizeBox1;
```

与 CSize 类似的还有 CPoint,其定义完全相同,其区别只是在名称上,其定义如例 3 - 4。CSize 一般用来表示矩形的长宽,而 CPoint 就是表示一个二维点的坐标。

例 3 - 4　关于 CPoint 的定义

```
// 关于 POINT 的定义
typedef struct tagPOINT
{   LONG            x;
    LONG            y;
} POINT, * PPOINT, * LPPOINT;

class CPoint : public tagPOINT
{ public:
    CPoint();
    CPoint(int initX, int initY);
    CPoint(POINT initPt);
    …… // 以下与 CSize 类似,省略
};
```

还有一个与 CSize 类似的类是 CRect,见例 3 - 5。由于 RECT 有四个成员,它的构造函数、运算符重载和其他函数的参数中增加了指针的传递。这也是避免在参数传递时增加时间和空间的开销。关于 CRect 类需要说明如下:

① 构造函数 CRect(LPCRECT lpSrcRect)的入口是常指针,说明在这个函数内部是不能改变这个指针所指向的地址。

② 在 CRect 中 CPoint& TopLeft()与 const CPoint& TopLeft() const 是两个不同的函数。它们究竟有什么不同呢? 实际上,后一个函数是当类为常对象时使用的。如:

const CRect rect;

CPoint pt = rect.TopLeft();

const CPoint& rpt = rect.TopLeft();

当 rect 不是常对象时,则调用前一个函数。

③ operator LPRECT()和 operator LPCRECT() const 都是强制转换运算符,前者是一般指针,后者是常指针,即只读的。

④ PtInRect()是非常有用的函数,可判断一点是否落入 RECT 中。

CRect 还可以利用类中定义的运算符进行各种运算。

例 3 - 5　关于 CRect 的定义 (部分)

```
// 关于 RECT 的定义
typedef struct tagRECT
{    LONG     left;
     LONG     top;
     LONG     right;
     LONG     bottom;
} RECT, * PRECT, * LPRECT;
typedef const RECT* LPCRECT;        // 指向 RECT 的只读指针


class CRect : public tagRECT
{public:
     CRect( );
     CRect( int l, int t, int r, int b );
     CRect( const RECT& srcRect );
     CRect( LPCRECT lpSrcRect );
     CRect( POINT point, SIZE size );
     CRect( POINT topLeft, POINT  bottomRight );
     ……
     int Width( ) const; // 获得 Rect 的宽度
     int Height( ) const; // 获得 Rect 的高度
     CSize Size( ) const; // 获得 Rect 的大小
     CPoint& TopLeft( );// 获得 Rect 的左上角
     CPoint& BottomRight( );// 获得 Rect 的右下角
     const CPoint& TopLeft( ) const;
     const CPoint& BottomRight( ) const;
     CPoint CenterPoint( ) const; // 获得 Rect 的中心点
     operator LPRECT( );// 获得 Rect 的指针
     operator LPCRECT( ) const; // 获得 Rect 的常指针
     BOOL PtInRect( POINT point ) const; // 判断一点是否落入 RECT
     …… // 以下关于 CRect 的运算,省略
};
```

　　最后,我们来看 CString 这个类。虽然现在的 C++ 语言的 STL 中有 string 类型,但 MFC 中 CString 的用法还是值得关注,因为在 MFC 框架程序中到处都可以看到 CString 的应用。

例 3-6 显示了类 CString 的定义中的部分代码。首先,所谓 String 在 C 语言中实际上写成 char*(字符指针),并以字符'\0'结尾的字符串。在这个类中,VC 进一步将其包装成一个容易使用的类。关于这个类我们需要从以下几个方面去理解:

例 3-6　关于 CString 的定义(部分)

```
typedef char TCHAR, *PTCHAR;
typedef const CHAR *LPCSTR;
typedef LPCSTR LPCTSTR;

class CString
{
protected:
    LPTSTR m_pchData;      // 指向字符串的指针
public:
    CString();
    CString(const CString& stringSrc);  // 拷贝构造函数
    CString(TCHAR ch, int nRepeat = 1);
    CString(LPCSTR lpsz);
    CString(const unsigned char * psz);
    int GetLength() const;  // 获取字符串长度
    BOOL IsEmpty() const;  // 检测字符串是否为空
    void Empty();  // 将字符串清空
    TCHAR GetAt(int nIndex) const;
    TCHAR operator[](int nIndex) const;  // 返回单个字符
    void SetAt(int nIndex, TCHAR ch);  // 设置单个字符
    operator LPCTSTR() const;  // 强制转换,输出 m_pchData
    ……  // 其他各种运算及功能等,省略
    friend CArchive& AFXAPI operator <<
                (CArchive& ar, const CString& string);
    friend CArchive& AFXAPI operator >>
                (CArchive& ar, CString& string);
    BOOL LoadString(UINT nID);  // 从资源 Resource 中读取字符串
    ……
};
inline CPoint& CRect::TopLeft()
    { return *((CPoint * )this); }
```

```
inline CPoint& CRect::BottomRight()
    { return *((CPoint *)this +1); }
inline const CPoint& CRect::TopLeft() const
    { return *((CPoint *)this); }
inline const CPoint& CRect::BottomRight() const
    { return *((CPoint *)this +1); }
```

① 操作系统的字符表示有单字节系统和双字节之分,在单字节系统下显示双字节字符(如中文)时,是将两个单字节拼成一个双字节汉字的,这个"拼"是牺牲了单字节的最高位,组成了单字节和双字节混合系统(基于单字节的系统)。另外,国际上有一个融合了世界上几乎所有文字的双字节字符编码标准,称为 UNICODE。MFC 中 TCHAR 是为了与这个统一多语言编码 UNICODE 兼容而设计的,但目前我们使用的 Windows 系统,其字符都是基于单字节系统。因此,目前 TCHAR 与 CHAR 相同的。但我们在编程时尽量使用 TCHAR 而避免使用 CHAR,这是因为将来双字节系统上的可移植性。

用 CHAR 方式表示字符串方式是:CHAR * pName = "中国传媒大学";

而用 TCHAR 方式表示字符串方式是:TCHAR * pName = _T("中国传媒大学");

虽然在现在的系统下两者的效果是相同的,但为了将来的可移植性,我们提倡后一种写法。

② LPCTSTR 的意义:LP 代表指针;C 代表 const;T 代表 TCHAR;STR 代表字符串。

③ 运算符有: = (赋值)、+ = (添加)、+(合并)等。

④ 支持的功能有:Compare(比较)、Mid(从中间开始的字符串)、Left(左边起始部分字符串)、Right(右边结束部分的字符串)MakeUpper()、MakeLower()、MakeReverse()(字符大小写操作),TrimRight()、TrimLeft()(从右边或左边裁剪字符串),还有 Replace()、Remove()、Insert()、Delete()、Find()等等。

⑤ CString 还支持流的输入/输出运算符,CArchive 这个类就代表文件操作,所以这个运算可以进行文件存储与读取操作。

⑥ LoadString()是一个很有用的功能,它可以直接从资源 Resource 中读取字符串。

关于 CString 对象与字符串指针之间互相转换的具体应用如下:

```
// 将 LPCTSTR 转换成 CString 对象
LPCTSTR lpsz1 = _T("中国传媒大学"); // 字符串的指针形式
CString str1(lpsz1); // 利用构造函数转换成类的形式
// 将 CString 对象转换成 LPCTSTR
CString str2 = _T("应用软件设计"); // 初始化 CString 对象
LPCTSTR lpsz2 = (LPCTSTR)str2; //利用强制转换运算转换成指针形式
CString str3 = str1 + str2; // 两个字符串合并
```

3.3　MFC 应用程序框架

3.3.1　与应用程序有关的层次结构

这一节我们开始进入 MFC 编程。在 VC 中一个应用程序是以一个工程(Project)的形式组成的。VC 程序必须编译后再运行。每一个工程可以编译成两种类型的可执行程序,Debug(调试)和 Release(发布)程序。Debug 程序带有调试信息,生成代码比较庞大,执行也较慢,供调试程序用;Release 程序是供发布的最终的可执行程序,不带调试信息。在代码编写和试运行时用 Debug 代码,最后交付使用时生成 Release 程序。

首先,让我们创建一个应用程序,选择 VC 中的 AppWizard(exe)创建一个单文档工程 MyTest。在工作区(WorkSpace)的 ClassView 中我们可以从图 3 – 1 看到该工程四个有关的类:CMainFrame、CMyTestApp、CMyTestDoc 和 CMyTestView。这四个类又分别从不同的类派生出来,如 CMainFrame 是从 CFrameWnd 派生的;CMyTestApp 是从 CWinApp 派生的;CMyTestDoc 是从 CDocument 派生的;而 CMyTestView 则从 CView 中派生的。而这些基类又是从一些更高层的基类派生而来。MFC 有一个构建应用程序框架的类的层次结构,在 MSDN 中找到这个复杂而又庞大的层次结构图(Hierarchy Chart)。

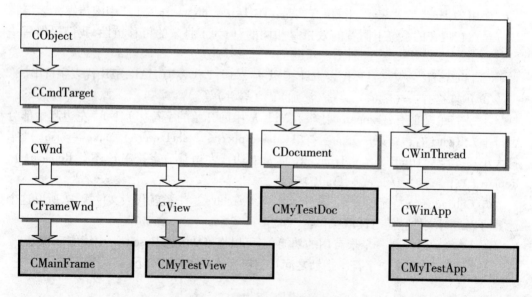

图 3 – 1　部分类的层次结构图

3.3.2　层次结构中的主要类介绍

MFC 的层次结构中一共有一百多个类,我们首先关注与应用程序密切相关的类。如图 3 – 1 所示,与应用程序 MyTest 的四个类有关的类有 8 个。我们先了解这些类的基本功能,从而体会到 MFC 程序的基本性能。

(1) class CObject

这是 MFC 层次结构图中所有类的基类。也就是说,这个层次结构中的所有类都具有该类定义的功能。其主要功能如下：

① 一般诊断 AssertValid：用于类中属性的合法性检查。这个检查代码需要程序员来完成，当某些标志性属性变量超出正常范围就可以给出警告。该代码只在 Debug 版本中出现。

② 运行期识别 RuntimeClass：这是一个链表，它包含了一个类的运行信息。函数 IsKindOf( )用于测试对象与给定类的关系。

③ 串行化 Serialize：为其派生类提供了序列化功能，这是 MFC 中倡导的数据存储方式。动态创建 DECLARE_DYNAMIC/IMPLEMENT_DYNAMIC：这是宏定义，使得应用程序可以支持串行化等操作。

（2）class CCmdTarget : public CObject

这个类的功能最主要的是支持消息映射、设置光标和自动化的功能，具体描述如下：

① 消息发送：MFC 应用程序为每个 CCmdTarget 派生类创建一个称为消息映射表的静态数据结构，可将消息映射到对象所对应的消息处理函数上。

② 设置等待状态光标（沙漏形式）。

③ 支持自动化：CCmdTarget 类支持程序通过 COM 接口进行交互操作，自动翻译 COM 接口的方法。方法是调用 EnableAutomation( )、FromIDispatch( )、GetIDispatch( )、IsResultExpected( )和 OnFinalRelease( )。

（3）class CWnd : public CCmdTarget

这个类是所有窗口绘制（如对话框、程序框架、客户区、按钮、菜单等图形元素）的基类，是 MFC 中最基本的 GUI 对象。其功能繁多，主要的功能如注册新窗口类、创建和使用窗口、DC（与输出设备相关的功能，如绘图、图像、显示、打印等）的管理等等。

（4）class CFrameWnd : public CWnd

应用程序 CMainFrame 类直接从该类派生。这个类是用来绘制单文档或多文档应用程序框架，其主要功能有：

① 标题栏、菜单、状态栏、边框、最小/最大化按钮等。

② 管理应用程序的非客户区的图形绘制。

应用程序中 CMainFrame 类就是从这个类派生的。其最主要的函数是 OnCreate( )。

（5）class CView : public CWnd

应用程序 CMyTestView 类直接从该类派生。这个类主要管理客户区，用户视图类的基类，主要负责客户区图形的显示及与用户的交互（鼠标、键盘的输入），还有菜单项的维护工作。

应用程序中 CMyTestView 就是它的派生类。其最主要的函数是 OnDraw( )，用以刷新屏幕。

（6）class CDocument : public CCmdTarget

应用程序 CMyTestDoc 类直接从该类派生。这个类主要管理文档的输入/输出，是用户文档的基类，依靠串行化（Serialize）技术实现应用程序文档管理。应用程序 CMyTest-Doc 是它的派生类。其最主要的函数是 Serialize( )。

（7）class CWinThread : public CCmdTarget

这个类是一个线程管理类，是线程的基类，主要工作是创建和处理消息循环。其中主要成员函数有：

GetMainWnd( )——获取一个指向此线程的的主窗口指针。

SetThreadPriority( ) / GetThreadPriority( )——设置/获取当前线程的优先权。

（8）class CWinApp：public CWinThread

应用程序 CMyTestApp 类直接从该类派生。它负责应用程序主线程的初始化、消息循环的管理等,其中主要成员函数：

InitApplication( )——重载以执行任何应用程序层次上的初始化。

InitInstance( )——是应用程序必须重载的函数,也是四个类中最先被执行的初始化程序。它被重载以执行 Windows 对象实例的初始化,诸如建立用户窗口对象等。

Run( )——运行消息循环。

OnIdle( )——可重载以执行任何应用程序指定的在消息空闲时的处理函数。

（9）class CDialog：public CWnd

对话框是一种特殊的窗口,是从 CWnd 类中派生出来的。MFC 的对话框可分成两类,一类是 MFC 已制作好的专用的对话框,这些对话框都是从通用对话框 CCommon Dialog 中派生出来的,例如:CFileDialog（文件打开对话框）、CColorDialog（颜色选择对话框）、CPrintDialog（打印对话框）、CFontDialog（字体选择对话框）等;另外一类是需要程序员自己编写的用户对话框。具体做法是在资源管理器（ResourceView）的 Dialog 中用可视化的方法,用有关控件设计对话框的样式,然后由此派生一个相应的类进行编码。

另外,MFC 还有很多控件类,它们在菜单、对话框的可视化设计中起到了非常重要的作用。

MFC 的类数目众多,涉及诸多知识,由于篇幅有限,不可能全面介绍这些知识。下面我们将以 MyTest 工程四个有关的类 CMyTestApp、CMyTestView、CMyTestDoc 和 CMainFrame 为线索来解读 MFC 的庞大而又复杂的结构,从中可使我们体会到软件设计的方法。其他软件设计技巧方面的知识留待读者自己去学习。

3.3.3　简单应用程序举例

MFC 庞大而复杂,但做程序不需要也不可能把所有的知识学完后再动手。与C++语言不同,学习 MFC 往往是边学边做,边做边学,循序渐进,逐步融会贯通。是知识、经验和技巧三者互相促进,螺旋式递进的过程。

实例1:画线程序

现在我们就可以编一个简单的应用程序。先从一个简单的绘图功能开始。以上节创建的 MyTest 为基础。

第1步:添加菜单项 MyLine

在我们创建的 MyTest 工程左侧 WorkSpace 中的 ResourceView,选择 Menu→IDR_MAINFRAME 的菜单,添加一个菜单项 MyLine。

第2步:添加消息响应函数 OnMyline( )

通过类向导（ClassWizard）在 CMyTestView 中建立消息响应函数 OnMyline( )。

第3步:添加代码

我们按照例3 - 7 中代码编写这个响应函数,编译运行之后我们在客户区就可以得到一条斜线。

例3-7 消息响应函数 OnMyline

```
void CMyTestView::OnMyline()
{

    // TODO：Add your command handler code here
    CDC * pDC = GetDC()；  // 获取对 DC 的控制权
    pDC -> MoveTo(12,12)；
    pDC -> LineTo(120,120)；
    ReleaseDC(pDC)；  // 释放对 DC 的控制权

}
```

我们看到,在这个画线的过程中,用到了 CDC 这个类。在 MFC 中画线及各种图形、显示图像和文字都是通过这个类来完成的。后面我们会详细介绍这个类的使用方法。

实例2:显示文字程序

这个例子是在客户区显示一段文字,这段文字是存放在 CMyTestDoc 类里面的。步骤如下:

第1步:DOC 类里添加变量 String m_MyName

在 WorkSpace 的 ClassView 中选中 CMyTestDoc,点右键弹出菜单,从菜单中选择"Add Member Variable..."，添加变量"public CString m_strMyName；"。

第2步:在 DOC 类的实现中对变量 m_strMyName 进行初始化

在 CMyTestDoc 类的构造函数中对 strMyName 进行初始化,例如:

strMyName = _T("软件教程")；

第3步:在 VIEW 类中显示这个字符串

在 CMyTestView 中的 OnDraw()函数的 // TODO:...... 下面添加:

pDC -> TextOut(12, 12, pDoc -> m_strMyName)；

这样编译以后就会显示这个在 DOC 类中的字符串。

实例3:界面设计程序

CMainFrame 是管理程序窗口的框架(Frame)。Frame 包括标题栏(Title bar)、菜单栏(Menu bar)、状态栏(Status bar)、工具栏(Tool bar)等等。

我们可以尝试着进行界面的修饰工作如下:

(1)更改程序图标

① 将工作区 ResourceView 中的 Icon 的 IDR_MAINFRAME 的图像更换成你的图案;

② 在 OnCreate()的末尾加入:

hIcon = AfxGetApp() -> LoadIcon(IDR_MAINFRAME)；

SetIcon(hIcon, TRUE)； // Set big icon

SetIcon(hIcon, FALSE)； // Set small icon

你会发现你的程序图标成功显示。

（2）改动一下工具条

在 OnCreate( )中的 m_wndToolBar. CreateEx( )函数的参数中作一个小小的改动，将参数 CBRS_TOP 改成 CBRS_LEFT，我们可以看到工具条停靠到了左边。

（3）改变一下窗口风格

在 PreCreateWindow( )中"// TODO：……"下面添加如下代码：

```
//定义新窗口的高度、宽度
cs. cx = 450;
cs. cy = 300;
//定义新窗口风格为去掉主窗口名及最大化等按钮
cs. style = WS_POPUPWINDOW;
```

你会发现窗口的大小和风格都被改变了。

上面这些例子只是一些简单的应用，更为复杂的、功能完善的例子可以在有关资料中找到。在这里我们只是通过这些例子思考一些问题，如消息是如何传递和响应的？CDC 的技术细节是怎样的？ MFC 文件存储与 C 语言时代有什么不同？ 等等。后面的章节我们将深入探讨 MFC 的工作原理。

3.4　程序调试的方法

3.4.1　代码跟踪与断言

程序员的工作不仅是要编写程序，还要学会调试（Debug）程序。对于一些大型程序来说，常常调试的时间不少于编写程序的时间。调试工作包括改正语法错误、设置正确的链接（与库函数或其他动态库匹配）、纠正设计性错误、编写在极端条件下（如内存不足、磁盘已满、非法数据等）程序保护代码等等。调试程序的方法也是多种多样的，有代码跟踪、增加检测代码、模块测试等等，程序员需要根据情况对程序进行测试。如果是大型程序，则必须参考有关的测试规范进行操作，以免影响软件质量。

VC 程序分为调试（Debug）和发布（Release）两种，Debug 版本的程序可以进行跟踪调试和错误报警，但代码量庞大，执行速度慢；Release 版本是最终发布版本，由于不包含调试消息，可执行文件相对较小，速度也快些。下面只介绍 MFC 程序常用的调试方法。

（1）代码跟踪

F10——单步跟踪

F11——跟踪到函数内部

F9——设断点（即执行到此自动停止）

Ctrl + F10——执行到光标所在行

Ctrl + F11——跳出所跟踪的函数

［注意 1］屏幕刷新函数 OnPaint( )或 OnDraw( )是不能跟踪的，因为跟踪会导致屏幕不断地刷新，无法从该函数中退出。

［注意 2］跟踪时可观测程序当前的状态，如变量的值、类的状态、寄存器的状态、反汇编窗口等等。

（2）断言 ASSERT(booleanExpression)

ASSERT 是常用的检测手段,在 Debug 状态下运行有效。发生报警时会弹出"断言对话框",按"重试 Retry"可定位到发出断言的代码处;如选择"终止 Abort"则程序会立即退出。

图 3 - 2　ASSERT 断言对话框

ASSERT 可以检测指针变量,比如:

int ∗ pMyName = new int[100];

ASSERT(pMyName); // 运行时,如果 pMyName == NULL 时会报警。

ASSERT 也可以检测一个逻辑表达式:

int iMyAge = 20;

ASSERT(iMyAge == 20); // 当 iMyAge 不等于 20 时报警。

[注意] ASSERT 只在 Debug 状态下有效,在 Release 状态下该语句将被忽略。所以只能作调试程序时的检测,不能作为程序的保护手段。

（3）跟踪打印 TRACE(booleanExpression)

TRACE 相当于 C 语言的 printf( )函数,函数参数格式与 printf( )相同,输出内容在"输出区 Output Pane"。例如:

TRACE("Failed to create status bar \n");

UINT nID = 0x123456;

TRACE("Routing command id is 0x%04X. \n", nID);

[注意] TRACE 只在 Debug 状态下有效。

（4）验证 VERIFY (booleanExpression)

VERIFY 与 ASSERT 的作用完全相同,报警时也会弹出断言对话框,只是 VERIFY 在 Release 情况下也有效。一般其参数为返回 BOOL 值的函数。例如:

UINT nIDRegistryKey;

TCHAR szRegistryKey[256];

VERIFY(AfxLoadString(nIDRegistryKey, szRegistryKey));

[注意] VERIFY 在 Release 版本中不再弹出警告,但其参数中的函数在 Release 版本中仍然有效,而其返回值被忽略。

3.4.2　AssertValid 与 Dump

以上面的工程 MyTest 为例，我们在 CMainFrame、CMyTestDoc 和 CMyTestView 中都能看到这么两个函数 AssertValid( )和 Dump( )。这两个函数是什么意思？又如果使用呢？这是 CObject 的两个虚函数，也就是说每个 CObject 的派生类都可以重载这两个虚函数。这两个函数都是在 Debug 下有效的虚函数，它们都是 const 函数，也就是说，不能改变任何外部的值。它们属于冗余代码——不是必要的代码，但是增加这些代码可以帮助程序员检测该对象的"健康程度"。

虽然这两个函数可以起到检测对象是否健壮的作用，然而，达到这个目的是需要程序员来编写代码的，例 3 - 8 给出了这两个函数编写方法。

例 3 - 8　AssertValid 示例

```cpp
// 在 Date.h 中的部分代码
class CDate : public CObject
{
    int m_iYear, m_iMonth, m_iDay;
public:
    CDate( ): m_iYear(2001), m_iMonth(1), m_iDay(1) { }
    void SetDate( int iYear, int iMonth, int iDay)
    { m_iYear = iYear, m_iMonth = iMonth, m_iDay = iDay; }
#ifdef _DEBUG
    virtual void AssertValid( ) const;
    virtual void Dump( CDumpContext& dc) const;
#endif
};
// 在 Date.cpp 中的部分代码
#ifdef _DEBUG
void CDate::AssertValid( ) const
{
    CObject::AssertValid( );  // 调用基类的相应的函数
    ASSERT( m_iYear > = 1900 && m_iYear < 3000 );
    ASSERT( m_iMonth > = 1 && m_iMonth < = 12 );
    ASSERT( m_iDay > = 1 && m_iDay < = 31 );
}

void CDate::Dump( CDumpContext& dc) const
```

```
    {
        CObject::Dump(dc);
        dc << "CDate's Dump -> \n"
            << m_iYear << "-" << m_iMonth << "-" << m_iDay << "\n";
    }
#endif // _DEBUG
```

结合此例,对这两个函数说明如下:

(1) void AssertValid( ) const

AssertValid( )是为当前这个类的对象作有效性检查的,其中的代码是用 ASSERT 的方式对此类中各变量的取值范围进行检测。如果在该对象中对程序的健壮性有影响的变量的取值都在合理的范围内,那么可以认为该对象没有异常。

AssertValid( )不是自动调用的,例如:如果 m_Date 是 CDate 的对象,则在应用程序中可以用 ASSERT_VALID(m_Date)调用该对象的 AssertValid( )函数,用以测试该对象有没有异常。如果有异常,就会产生一个 ASSERT 报警对话框。

提醒一下,在写 AssertValid( )的时候,别忘了调用基类的相应的函数。

(2) void Dump( ) const

Dump 本意是丢弃的意思,在这里的作用是将当前类的状态(各变量的值)输出到指定的文件中。

如果 m_Date 是 CDate 的对象,则可以用 m_Date. Dump(afxDump)来输出该对象的Dump( )函数到输出区。如果希望将其输出到一个自定义的文件中,则可以按照如下代码创建输出的文件:

CFile myFile;

if(! myFile. Open("dump. txt", CFile::modeCreate | CFile:: modeWrite))

{

    afxDump << "Unable to open file" << "\n";

    return FALSE; // 文件创建失败

}

CDumpContext myDump (&myFile);

以后在程序用这个 myDump 替换前面的 afxDump 就可以了。当然,与前面一样,这个函数也是靠调用来执行的。

注意:在写 Dump( )的时候,也需要调用基类的相应的函数。

上述调试方法是 VC 给程序员提供的调试手段,如何用好这些技术,还需程序员根据具体情况去查找错误,维护程序的健壮性。提高程序的健壮性还有其他比较复杂的办法,如对程序极端情况进行保护、异常处理等。这个方法比较复杂,留待后面的章节去解读。

思考题

3-1 为什么 MFC 将数据类型重新定义一遍以后,就可以提高可移植性?

3-2 变量的匈牙利命名法给程序的编写带来了什么好处? 试举例说明。

3-3 函数 CPoint& TopLeft( )返回的是一个引用,但 CRect 的成员变量中并没有 CPoint 类型的成员,如何解释?

3-4 对于以字符串为参数的函数,在 MFC 中通常有两种写法,如:

void Func1(LPCTSTR lpsz) ;

或 void Func2(CString& str) ;

请分析这两种写法各自的特点。

3-5 请在 MSDN 中查找与对话框类 CDialog 有关的层次结构。

3-6 在程序调试的时候,是无法对 MainFrame 中的 OnPaint( ) 函数直接进行代码跟踪的,此时可用什么方法来测试该函数内部变量在运行时的值呢?

3-7 VERIFY 能替代函数的错误处理吗? 它能起到对程序的保护作用吗? 在什么情况下不宜使用 VERIFY?

3-8 ASSERT 和 ASSERT_VALID 有何区别?

3-9 在程序中如何使用 Dump( )函数?

习 题

3-1 编写一个单文档软件,使之能够在客户区(VIEW)输出文字"Hello World!"。

3-2 编写一个单文档软件,为这个软件设计一个图标,并显示出来。

3-3 编写一个单文档软件,在 VIEW 中实现画图功能,如画线、画圆、画矩形等。

第 **4** 章

MFC 程序的工作原理

每部功能完善的机器都有其工作原理,MFC 作为应用程序的编辑平台也不例外。分析和理解 MFC 的工作原理对应用程序设计将有很大的帮助。MFC 为了支持 Windows 下的软件设计,采用了六大关键技术:消息循环、消息映射、消息传递、运行期识别、动态创建、串行化等。这建立于 C++ 基础之上的六大技术支撑了 MFC 的应用程序平台的运转。只有理解了这六项关键技术,才能更好地理解基于 MFC 的软件设计方法。下面我们将分消息处理机制、运行期识别、串行化这三个部分来介绍这六大技术。使读者对 MFC 的工作原理有一个比较清晰的了解。

4.1 消息处理机制

4.1.1 MFC 程序入口

刚接触 MFC 的初学者一般都会感到疑惑,MFC 程序究竟是从何处开始运行的? 所有 C 或 C++ 语言书上都告诉我们程序是从 main( )开始的。但 MFC 程序创建以后却使我们找不到这个 main( )。那么,MFC 程序到底有没有 main( )呢? 其程序入口又在哪里呢?

其实,MFC 也与所有 C/C++ 程序一样,也是按顺序执行的,是有相当于 main( )的程序入口的。我们做一个实验就清楚了。当我们将一个工程 Build 成功以后,我们用单步跟踪的方法——按 F10,我们就可以看到程序开始处的代码,见例 4 - 1。我们发现 MFC 程序并始于_tWinMain( )函数。继续跟踪 AfxWinMain( )函数(当跟踪光标指向该函数时按 F11),我们可以看到程序启动的全过程(例 4 - 2)。

为了弄清楚启动的过程,首先简单说明一下进程与线程的概念。每一个程序的启动操作系统都要给这个运行程序分配 CPU 资源和内存资源,这个过程称为一个进程(Process)。而一个进程内部又可以同时并发多个线程(Thread),线程同样需要分配资源。但各进程之间是独立的,互相不能直接访问,而一个进程内部的线程是可以资源共享的。每一个程序启动时就启动了一个进程,而每个进程必定有一个主线程。

例 4 - 1 MFC 程序开始处_tWinMain( )函数

```
extern "C" int WINAPI
_tWinMain( HINSTANCE hInstance, HINSTANCE hPrevInstance,
            LPTSTR lpCmdLine, int nCmdShow)
```

```
{
    // call shared/exported WinMain
    return AfxWinMain(hInstance, hPrevInstance, lpCmdLine, nCmdShow);
}
```

> F11继续跟踪此函数

例 4 - 2　AfxWinMain( )函数的主体部分

```
int AFXAPI AfxWinMain(HINSTANCE hInstance, HINSTANCE hPrevInstance,
    LPTSTR lpCmdLine, int nCmdShow)
{
    int nReturnCode = -1;
    // 获得当前线程 CMyTest 对象的指针
    CWinThread * pThread = AfxGetThread();
    CWinApp * pApp = AfxGetApp();  // 也是指向当前 CMyTest 对象

    // 线程与应用程序初始化
    if (! AfxWinInit(hInstance, hPrevInstance, lpCmdLine, nCmdShow))
        goto InitFailure;
    if (pApp ! = NULL && ! pApp -> InitApplication())
        goto InitFailure;
```

> 内部初始化

```
    // 调用 CMyTest 对象的 InitInstance( )函数
    if (! pThread -> InitInstance())
```

> 应用程序初始化，必须重载

```
    {
        …… // 失败以后的处理,省略
        goto InitFailure;  // 直接跳转到程序尾部
    }
    nReturnCode = pThread -> Run();// 执行消息循环!

InitFailure:
        …… // 失败以后的处理,省略
    AfxWinTerm();  // 中断线程
    return nReturnCode;
}
```

在 AfxWinMain( ) 函数中, 首先获取本进程中的主线程和应用程序的指针。在本例中 pThread 和 pApp 这两个指针是相同的, 共同指向了 CMyTestApp 的对象。在进行了线程和应用程序初始化后, 执行了 pThread –> InitInstance( ) 函数, 也就是 CMyTestApp 对象的 InitInstance( ) 函数。然后, 程序将执行 pThread –> Run( ) 函数。

4.1.2　消息与消息循环

Run( ) 函数的主要工作是维护一个消息循环。在讨论这个消息循环之前, 先介绍一下有关消息的概念。

Windows 操作系统是以消息方式来协调各应用程序的运行的。消息在程序运行中起到了至关重要的作用。所有的交互操作(鼠标键盘的输入)及系统指令(窗口激活、屏幕刷新、关机等)等事件转化成消息(MSG), 这些消息可以传递到应用程序中, 并通过消息路由发送到有关窗口; 也可以直接发送到有关窗口。Windows 程序的这种以消息为基础的运行机制被称为"基于消息的事件驱动机制"。

Windows 的消息有很多种, 例如窗口管理消息、初始化消息、输入消息、系统消息、剪贴板消息, 等等。虽然消息有种类很多, 但在消息处理层面上将消息分为三种:窗口消息、控件通知消息和命令消息。

① 窗口消息:这大概是系统中最为常见的消息, 它是指由操作系统和控制其他窗口的窗口所使用的消息。例如 CreateWindow( )、DestroyWindow( ) 和 MoveWindow( )等函数都会激发窗口消息, 还有鼠标所产生的消息也是一种窗口消息。

② 控件通知消息:只适用于标准的窗口控件如按钮、列表框、组合框、编辑框以及 Windows 公共控件如树状视图、列表视图等。控件发生了一些事情, 需要通知父窗口。例如, 单击或双击一个控件、在控件中选择部分文本、操作控件的滚动条都会产生通知消息。它类似于命令消息, 当用户与控件窗口交互时, 那么控件通知消息就会从控件窗口发送到它的主窗口。但是这种消息的存在并不是为了处理用户命令, 而是为了让主窗口能够改变控件, 例如加载、显示数据。

③ 命令消息:它是用来处理从一个窗口发送到另一个窗口的用户请求, 例如按下一个按钮或点击菜单项, 它都会向主窗口发送一个命令消息。由于这种消息在应用程序中经常用到, 而且在程序中处理命令消息与其他窗口消息有所不同。窗口消息及控件通知消息主要由窗口类即直接或间接由 CWnd 类派生类处理。相对窗口消息及控件通知消息而言, 命令消息的处理对象范围就广得多, 它不仅可以由窗口类处理, 还可以由文档类、文档模板类及应用类所处理。

操作系统有消息队列, 每个进程也有各自的消息队列。操作系统会将与各个进程有关的消息发送到各自的消息队列中。每个进程会不断地检测消息并进行处理。一个 Windows 软件就是在消息的传递和处理中维持运行的, 一旦消息被阻塞, 则软件就没办法对外部输入和系统命令做出反应(程序不响应)。从这个意义上讲, 这个消息处理函数就好像是一个心跳程序, 维持软件的运转。

这个维持软件运行的"心跳"函数, 就是上小节所提到的 AfxWinMain( ) 中的 Run( )函数。它在程序运行中起了至关重要的作用。但这个重要的函数却是默默无闻地在后台工作, 在前台程序 CMyTestApp 是看不见它的。

我们来进一步解析这个程序的心脏 Run( )函数。Run( )的代码见例4 – 3。

例4 –3　消息处理循环函数 Run

```
int CWinThread∷Run( )
{
    BOOL bIdle = TRUE;// 消息空闲的标志
    LONG lIdleCount = 0;// OnIdle( )被调用的次数

    for ( ;; ) // 消息处理循环
    {
        // === 第1阶段:在空闲阶段检测是否有消息
        while (bIdle &&  // 查看消息
          !∷PeekMessage(&m_msgCur, NULL, NULL, NULL, PM_NOREMOVE))
        {
            if ( ! OnIdle (lIdleCount ++ )) // 程序空闲时执行 OnIdle( )
                bIdle = FALSE;// 设置 "no idle" 状态
        }
        // === 第2阶段:取出消息进行处理
        do
        {
            if ( ! PumpMessage( )) // 取出消息处理,如果是 WM_QUIT,则退出 Run
( )
                return ExitInstance( ); // 执行 ExitInstance( )后退出

            // 消息处理完后重新设置"no idle"状态
            if (IsIdleMessage(&m_msgCur))
            {
                bIdle = TRUE;
                lIdleCount = 0;
            }

        } while (∷PeekMessage (&m_msgCur, NULL, NULL, NULL, PM_NORE-
MOVE));
            // 继续查看消息,一直到消息队列里的消息都处理完
    }

    ASSERT(FALSE);  // not reachable
}
```

> 应用程序可以重载

> 消息泵函数

下面分析一下 Run( )的消息处理过程(例4－3)。这个过程分两个阶段：

第一阶段：查询是否有消息

利用 PeekMessage( )查询消息队列中是否有消息(注意：此函数只是查询，并不取出消息)，如果没有，证明程序现在空闲，这时会调用 OnIdle( )函数。这个函数程序员可以重载。在这个函数中可以放置一些只有在程序空闲才做的工作，如检测加密狗、定时保存等。

第二阶段：消息处理

当确认有消息时，调用 PumpMessage( )消息泵函数来处理消息(例3－11)。这个函数之所以被称为消息泵，因为其中的工作是取出消息，然后分发到目标窗口或接收模块中。另外，WM_KICKIDLE 是激活 OnIdle( )函数的消息。

4.1.3 消息的传递

我们来考虑队列消息。在消息队列中，消息是怎样运作和传递出去的呢？前面我们介绍了消息循环，在消息循环中有个消息泵(PumpMessage)函数，其中 PreTranslateMessage( )函数、TrnaslateMessage( )函数和 DispatchMessae( )函数分别实现了消息的过滤、转换和分发，实现窗口消息和命令消息派发给相应的目标窗口和目标模块中。

消息泵函数 PumpMessage( )的代码见例4－4。

例4－4 消息泵函数 PumpMessage

```
BOOL CWinThread::PumpMessage( )
{
    if (!::GetMessage(&m_msgCur, NULL, NULL, NULL))  // 获取消息
    {
        return FALSE;   // 遇到退出 WM_QUIT 消息,Run( )立即结束
    }
    // process this message
    if (m_msgCur.message !  = WM_KICKIDLE
        && !PreTranslateMessage(&m_msgCur))
    {
        ::TranslateMessage(&m_msgCur);
        ::DispatchMessage(&m_msgCur);
    }
    return TRUE;
}
```

在这个函数中，首先是调用 GetMessage( )取出消息。如果返回 FALSE，说明遇到程序退出的命令，所以必须退出当前函数。之后要执行的是以下三个函数：

① PreTranslateMessage( )：这是虚函数，我们可以重载它来处理鼠标和键盘消息。比

如进行过滤、转义等。例如对某些键进行屏蔽或转成其他输入消息。

②　TranslateMessage( )：将虚拟键消息转换为字符消息。字符消息被送到调用线程的消息队列中，在下一次线程调用函数 GetMessage( )或 PeekMessage( )时被读出。如快捷键的转换等。

③　DispatchMessage( )：根据消息的内容将调度到 WndProc( )，这个 WndProc( )是可以处理消息的应用层函数。

当 DispatchMessage( )函数将消息派送出去以后，由 Windows 系统(USER32. DLL)把消息"投递"到目标窗口，这个过程就是消息路由。通过消息路由，在目标窗口将消息与消息接受函数关联起来，实现消息映射的功能。

如果希望了解一下基于 API 的最简单的窗口创建的完整代码，可按下面步骤创建：

① 新建工程(new)，选择 Project 中 Win32 Application 创建程序(自己设定工程名)；

② 创建窗口的种类选择"A typical 'Hello World' application."。点 Finish(完成)。

此时 MFC 会生成一套基于 API 的简单窗口程序的代码。通过研读这个 API 程序可以获知整个程序工作的过程。限于篇幅，我们不可能将整个工程的代码都展现出来。我们在例 4 - 5 中展示了一个被简化的 Windows 程序，供大家参考。尽管其中已经省略了若干处理过程，但这个例子还是可以说明从消息循环到消息处理的整个过程。

例 4 - 5　一个被简化的 Windows 程序

```
#include  <windows. h >
LRESULT CALLBACK WndProc ( HWND, UINT, WPARAM, LPARAM);
int WINAPI WinMain ( HINSTANCE hInstance,
HINSTANCE hPrevInstance, LPSTR szCmdLine, int iCmdShow)
{
    static TCHAR szAppName[ ]  = TEXT("MyWindow");
    WNDCLASS wndclass;
     wndclass. style  = CS_HREDRAW | CS_VREDRAW;
     wndclass. lpfnWndProc    = WndProc;                    消息处理函数
    wndclass. lpszClassName  = szAppName;
    RegisterClass( &wndclass);                             窗口注册
    hwnd  = CreateWindow( szAppName,……,NULL);
    ShowWindow ( hwnd, iCmdShow);
    UpdateWindow( hwnd);
    while ( GetMessage( &msg, NULL, 0, 0))
        {
            TranslateMessage( &msg);                       消息循环
            DispatchMessage( &msg);
        }
```

```
        return msg. wParam;
    }
LRESULT CALLBACK WndProc（HWND hwnd，UINT message，
            WPARAM wParam，LPARAM lParam）
    {
        switch（message）
        {
        case WM_CREATE：
            ……
        case WM_PAINT：
            ……
        case WM_DESTROY：
            PostQuitMessage(0)；
            return 0；
        }
        return DefWindowProc（hwnd，message，wParam，lParam）；
    }
```

消息映射

　　根据这段代码我们可以知道,每个接收消息的窗口需要通过 Windows 注册机制注册到 Windows 操作系统中（RegisterClass（&wndclass）是 Windows 注册程序）。这个注册窗口（wndclass）其中有一个指向消息处理函数的指针（lpfnWndProc），它指向的就是消息处理函数 WndProc（）。这个消息处理就是将消息 ID 与具体的消息响应函数衔接起来,这个过程被称为消息映射。

4.1.4　消息映射

　　一个完整的 MFC 消息映射包括对消息处理函数的原型声明、实现以及存在于消息映射中的消息入口。这几部分分别存在与类的头文件和实现文件中。一般情况下除了对自定义消息的响应外,对于标准 Windows 消息的映射处理可以借助 ClassWizard 向导来完成。在选定了待处理的 Windows 消息后,向导将会根据消息的不同而生成具有相应函数参数和返回值的消息处理代码框架。下面这段代码给出了一个完整的 MFC 消息映射过程（以上面 MyTest 为例）:

在 MyTestView. h 文件中的声明中消息映射:

//｛｛AFX_MSG（CMyTestView）

afx_msg void OnMyLine（）；

//｝｝AFX_MSG

DECLARE_MESSAGE_MAP（）

……

其中函数是以灰色表示,告知程序员这是 VC 系统自动生成的代码,不要轻易修改。

在 MyTestView. cpp 文件中的实现消息映射：

```
BEGIN_MESSAGE_MAP(CMyTestView, CView)
//{{AFX_MSG_MAP(CMyTestView)
ON_COMMAND(ID_MYLINE, OnMyline)
//}}AFX_MSG_MAP
END_MESSAGE_MAP()
     ……
```

在 MyTestView. cpp 文件中消息所对应的处理函数：

```
void CMyTestView::OnMyline()
{
     // TODO: Add your command handler code here
     ……
}
```

这里对命令消息 ID_MYLINE 做了消息映射，其中用到的头文件中的 DECLARE _ MESSAGE_MAP 以及 CPP 文件中的 BEGIN_MESSAGE_MAP 和 END_MESSAGE_MAP 等均是用于消息映射的宏。这些宏声明了在应用程序框架中可用于在系统中浏览所有对象映射的成员变量和函数。我们先看一下宏 DECLARE_MESSAGE_MAP() 的定义如下：

```
#define DECLARE_MESSAGE_MAP() \
private: \
     static const AFX_MSGMAP_ENTRY _messageEntries[]; \
protected: \
     static AFX_DATA const AFX_MSGMAP messageMap; \
     virtual const AFX_MSGMAP * GetMessageMap() const; \
```

其中 AFX_MSGMAP_ENTRY 和 AFX_MSGMAP 的定义如下：

```
struct AFX_MSGMAP_ENTRY
{
     UINT nMessage;    // Windows 消息
     UINT nCode;       // 控件编码或 WM_NOTIFY 通知编码
     UINT nID;         // 控件 ID（如 0 则为 Windows 消息）
     UINT nLastID;     // 如果是一组控件则确定最后一个控件的 ID
     UINT nSig;        // 消息的动作标识
     AFX_PMSG pfn;     // 响应消息时应执行的函数指针
};
struct AFX_MSGMAP
{
     const AFX_MSGMAP * pBaseMap;  // 指向基类的消息映射表
     const AFX_MSGMAP_ENTRY * lpEntries;  // 记录消息的数组首地址
};
```

这个宏 DECLARE_MESSAGE_MAP() 的作用有三：

① 在类中插入一个静态成员 _messageEntries[ ],这是用来存放类要处理的消息的数组(即类本身的消息映射表);

② 另一个静态成员 massageMap 用来指向基类的消息映射表;

③ 安插一个虚函数 GetMessageMap( ),其内容有待重载实现。

下面,我们看 BEGIN_MESSAGE_MAP 和 END_MESSAGE_MAP 的定义:

```
#define BEGIN_MESSAGE_MAP( theClass, baseClass) \
    const AFX_MSGMAP * theClass∷GetMessageMap( ) const \
        { return &theClass∷messageMap; } \
AFX_COMDAT AFX_DATADEF const AFX_MSGMAP theClass∷messageMap = \
    { &baseClass∷messageMap, &theClass∷_messageEntries[0] }; \
AFX_COMDAT const AFX_MSGMAP_ENTRY theClass∷_messageEntries[ ] = \
    { \
```

```
#define END_MESSAGE_MAP( ) \
        {0, 0, 0, 0, AfxSig_end, (AFX_PMSG)0 } \
    }; \
```

另外,还有关于消息执行的宏定义:

```
#define ON_COMMAND( id, memberFxn) \
    { WM_COMMAND, CN_COMMAND, (WORD)id, (WORD)id, AfxSig_vv,
(AFX_PMSG)&memberFxn },
```

其中,WM_COMMAND 和 CN_COMMAND 是关于命令消息的参数;函数指针 memberFxn 指向所映射的函数;AfxSig_vv 表示 memberFxn 所指的函数的参数和返回值都是 void。

我们以 MyTest 工程中 CMyTestView 中画线消息 ID_MYLINE 及响应函数 OnMyline( ) 为例,将这个消息映射展开,去掉一些多余的定义,最终有意义的就是一个消息映射的数组,这数组代码如下:

```
const AFX_MSGMAP CMyTestView∷messageMap =
{ &CView∷messageMap, &CMyTestView∷_messageEntries[0] };
const AFX_MSGMAP_ENTRY CMyTestView∷_messageEntries[ ] =
{
{ WM_COMMAND, 0, ID_MYLINE, ID_MYLINE, AfxSig_vv,
(AFX_PMSG)& OnMyline },
{ 0, 0, 0, 0, AfxSig_end, (AFX_PMSG)0 }   // 数组结束标志
};
```

结构 messageMap 显示当前对象和基类的消息入口地址,后面是一个当前类消息映射表。注意,messageMap 是 CCmdTarget 类的静态变量,它的派生类都继承这个变量。也就是说,这个变量可以一直上溯到 CCmdTarget 类。图 4 – 1 展示了这个消息映射处理的过程示意。参照上面代码及这个示意图,我们可以了解到消息映射的过程,即消息搜寻的过程。

消息搜寻过程是从 CMyTestView 的消息入口开始的,要搜寻的消息可能是当前的 ID_MYLINE,也可能是该类的父类要处理的消息。如果类 CMyTestView 没有捕获到该消息,那么该消息将由它的父类 CView 类有关函数继续捕获。同样地,如果 CView 类仍没

有捕获,则交由其父类 CWnd 捕获消息。一直上溯到 CCmdTarget 类。如果该消息没有被捕捉,则该消息就会被丢弃。

消息映射函数入口可以在消息到达时为那些被隐含消息循环所调用的函数从中查看,并决定哪一个对象以及对象中的哪一个成员函数应该负责此消息的处理。虽然消息映射的内部工作原理比较复杂,但 MFC 通过预定义宏等手段将其完整的封装了起来,展现给开发人员的只是简单明了的 MFC 消息映射。

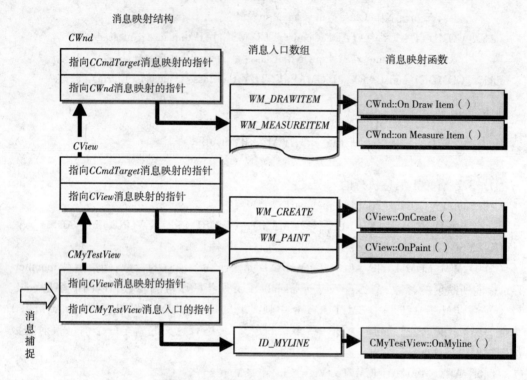

图 4 – 1　消息映射——消息捕捉的过程

4.2　运行期识别

4.2.1　运行期——RUNTIME_CLASS

在上面的 MFC 应用程序 MyTest 框架中的函数 CMyTestApp∷InitInstance( )中,我们会看到下面的一段代码:

```
CSingleDocTemplate * pDocTemplate;
pDocTemplate = new CSingleDocTemplate(
    IDR_MAINFRAME,
    RUNTIME_CLASS( CMyTestDoc) ,
    RUNTIME_CLASS( CMainFrame) ,          // main SDI frame window
    RUNTIME_CLASS( CMyTestView) ) ;
AddDocTemplate( pDocTemplate) ;
```

　　这里的 RUNTIME_CLASS 被称为运行期。为了说明运行期的概念,我们先研究一下
CRuntimeClass 类(运行期类)。这个类的定义如下(在 MFC 中,结构与类同等看待):

```
struct CRuntimeClass
{
// Attributes
    LPCSTR m_lpszClassName;
    int m_nObjectSize;
    UINT m_wSchema; // 该类的版本号
CObject * (PASCAL * m_pfnCreateObject)();
                    // 函数指针,指向对象的 CreateObject()函数。
    CRuntimeClass * m_pBaseClass; // 指向当前类的基类的 Runtime 指针
// Operations
    CObject * CreateObject(); // 动态创建对象
    BOOL IsDerivedFrom(const CRuntimeClass * pBaseClass) const;
                    // 查找 pBaseClass 是否是当前类的基类的 Runtime 对象
// Implementation
    void Store(CArchive& ar) const; // 串行化的数据存储
static CRuntimeClass * PASCAL
Load(CArchive& ar, UINT * pwSchemaNum); // 串行化的数据提取
    // 所有 CRuntimeClass 的对象都用一个简单的链表链接起来
CRuntimeClass * m_pNextClass; // 指向下一个对象的 Runtime 指针
};
// Runtime 的部分实现代码
CObject * CRuntimeClass::CreateObject()
{
    if (m_pfnCreateObject == NULL)
    {
        TRACE(_T("Error: Trying to create object which is not ")
            _T("DECLARE_DYNCREATE \nor DECLARE_SERIAL: %hs. \n"),
            m_lpszClassName);
        return NULL;
    }
    CObject * pObject = NULL;
    pObject = ( * m_pfnCreateObject)();
                        // 用函数指针调用对象中 CreateObject 函数
    return pObject;
}
BOOL CRuntimeClass::
        IsDerivedFrom(const CRuntimeClass * pBaseClass) const
```

```
{
    const CRuntimeClass * pClassThis = this;
    while (pClassThis ! = NULL)
    {
        if (pClassThis == pBaseClass)
            return TRUE;
        pClassThis = pClassThis -> m_pBaseClass; // 遍历基类链表
    }
    return FALSE;          // walked to the top, no match
}
```

CRuntimeClass 提供了 C++ 对象的运行时候的类的信息，比如类名、基类的 Runtime 对象、对象的大小等信息，此外还提供了一组成员函数用来动态创建对象，确定对象的类型等。另外，结构体 CRuntimeClass 还维持了指向基类的 CRuntimeClass 指针，这样，按照类的派生关系就构成了 CRuntimeClass 链表。从而通过查找该链表中是否有指定的 CRuntimeClass，可以判断给定的类是否从某个类派生。这需要用 CRuntimeClass 的成员函数中的 IsDerivedFrom( )。通过结构体 CRuntimeClass 中的静态成员变量 m_pNextClass，MFC 为每个模块（EXE 应用程序）维护了一个全局的 CRuntimeClass 链表，这个链表保存在模块的状态中。

这个类看起来很复杂，我们主要关注以下几点：

① 从 m_pBaseClass 和 m_pNextClass 可以看出该类是一个链表。一个指针指向基类对象，另一个指向同类的另一个对象。

② CreateObject( ) 函数将调用函数指针 m_pfnCreateObject 完成创建类的工作。我们将在后续的介绍中发现，每个运行期函数都有一个创建自己的函数，而这个函数指针正是指向这个函数。

③ IsDerivedFrom( ) 函数是遍历基类 Runtime 对象的链表，用于判断 pBaseClass 是否是当前对象的基类的 Runtime 对象。

运行期是 MFC 对 C++ 语言功能的一个补充，任何一个类转换成 Runtime 对象后，就可以自我创建，获取某个对象的类名，以及查找它的基类对象等等。这些功能都是 C++ 语言中没有定义的。

要使用 Runtime 功能还需借助 Runtime 的宏定义 RUNTIME_CLASS。这是一个什么样的宏？它在程序中起到一个什么作用呢？首先看一下这个宏的定义：

#define RUNTIME_CLASS(class_name) \

((CRuntimeClass *)(&class_name::class##class_name))

[注]其中##的意思是把 class 和 class_name 替换以后的字符连接起来。例如：

RUNTIME_CLASS(CMyTestView)

替换以后就成为：

(CRuntimeClass *)(&CMyTestDoc::classCMyTestView)

但是，Runtime 功能的实现有一个问题，就是 Runtime 中有一个指向 CreateObject( ) 函数的指针 m_pfnCreateObject，这个指针指向何处？还有那个链表又是怎么实现的？它实现以后又能起什么作用？

关于 Runtime 的这些疑问怎么解决还要看下面的内容。

4.2.2 动态创建——DYNCREATE

在前面的 MyTest 工程中,我们在 CMainFrame、CMyTestDoc、CMyTestView 中都可以看到 DECLARE_DYNCREATE(在类的声明中)和 IMPLEMENT_DYNCREATE(在类的实现中)。这两个宏定义与前面所述的运行期是相互呼应的。

先看一下 DECLARE_DYNCREATE 的定义:

```
#define DECLARE_DYNCREATE( class_name ) \
    DECLARE_DYNAMIC( class_name ) \
    static CObject * PASCAL CreateObject( );
```

其中 DECLARE_DYNAMIC 的定义如下:

```
#define DECLARE_DYNAMIC( class_name ) \
public: \
    static const AFX_DATA CRuntimeClass class##class_name; \
    virtual CRuntimeClass * GetRuntimeClass( ) const; \
```

以 CMyTestView 为例,将 DECLARE_DYNCREATE(CMyTestView)展开得到下面的代码:

例 4 - 6 DECLARE_DYNCREATE(CMyTestView)展开后的代码

```
public:
    static const CRuntimeClass classCMyTestView;
    virtual CRuntimeClass * GetRuntimeClass( ) const;
    static CObject * PASCAL CreateObject( );
```

我们再看 IMPLEMENT_DYNCREATE 的定义:

```
#define IMPLEMENT_DYNCREATE( class_name, base_class_name ) \
    CObject * PASCAL class_name::CreateObject( ) \
        { return new class_name; } \
    IMPLEMENT_RUNTIMECLASS( class_name, base_class_name, 0xFFFF, \
        class_name::CreateObject)
```

其中 IMPLEMENT_RUNTIMECLASS 的定义如下:

```
#define \
IMPLEMENT_RUNTIMECLASS( class_name,base_class_name,wSchema, pfnNew) \
    const CRuntimeClass class_name::class##class_name = { \
    #class_name, sizeof( class class_name ), wSchema, pfnNew, \
    RUNTIME_CLASS( base_class_name ), NULL }; \
    CRuntimeClass * class_name::GetRuntimeClass( ) const \
```

```
{ return RUNTIME_CLASS(class_name); } \
```

我们还是以 CMyTestView 为例,将 DECLARE_DYNCREATE(CMyTestView)展开得到下面的代码:

例4-7   IMPLEMENT_DYNCREATE(CMyTestView)展开后的代码

```
CObject * PASCAL CMyTestView::CreateObject()
{
    return new CMyTestView;
}
const CRuntimeClass CMyTestView::classCMyTestView = {
        "CMyTestView", sizeof(class CMyTestView), wSchema,
        CMyTestView::CreateObject,
        ((CRuntimeClass * )(&CMyTestView::classCView)), NULL };
CRuntimeClass * CMyTestView::GetRuntimeClass() const
{
    return (CRuntimeClass * )(&CMyTestView::classCMyTestView);
}
```

例4-6 和例4-7 结合起来,我们看到凡是具有 DYNCREATE 宏的声明和实现的类都具有自我创建能力(CreateObject()),以及一个 Runtime 的对象。我们注意到 CreateObject和 Runtime 对象都是 static 的,也就是说不需要启动它所"寄生"的类就可以直接调用。这就是实现 Runtime 的保证。

因此,动态创建机制保证了运行期 Runtime 各项功能的实现。换句话说,一个 CObject的派生类只有实现了动态创建机制才可以保证该类符合 Runtime 的要求,才可以调用 RUNTIME_CLASS(class_name)来获得该类的 Runtime 对象。

4.2.3   类型识别——IsKindOf

运行期 Runtime 的一个重要应用是类型识别,它是 CObject 的一个重要功能。这个功能主要是用来识别 CObject 派生类的对象。比如我们知道 CObject 到 CMyTestView 的派生过程是:CObject→CCmdTarget→CWnd→CView→CMyTestView。现在有代码如下:

CMyTestView   myView;

CObject * pView = &myView;

由于这两行代码可能并不是在一处写的,而且指针 pView 可能蕴含在某个链表中,所以需要确认这个 pView 是不是指向 CMyTestView 的对象。我们知道,C++ 语言本身是没有这个功能的,只有 CObject 的派生类才具有这种功能。可以使用 CObject 的 IsKindOf功能进行确认。确认的调用方式如下:

if(pView -> IsKindOf(RUNTIME_CLASS(CMyTestView))

{

```
    pView -> m_strBookName = "软件设计";
}
```

这个功能的原理是什么呢？我们可以看一下 IsKindOf 的源代码：

```
BOOL CObject∷IsKindOf(const CRuntimeClass * pClass) const
{
    CRuntimeClass * pClassThis = GetRuntimeClass();
    return pClassThis -> IsDerivedFrom(pClass);
}
```

我们发现,实际上,IsKindOf 就是使用了 Runtime 的 IsDerivedFrom() 函数将对象指针与当前对象及其基类对象进行逐一进行比对。

IsKindOf()是为了保证代码正确性的一个辅助手段,特别在以对象指针为结点的链表中非常有用。当然,这些对象必须是 CObject 的派生类,并且实现了 Runtime 功能。

在 Debug 状态下对指针类型的检测一般可用下面的宏定义：

```
#define ASSERT_KINDOF(class_name, object) \
    ASSERT((object) -> IsKindOf(RUNTIME_CLASS(class_name)))
```

以工程 MyTest 为例,MFC 程序为了建立消息传输通道,将 CMainFrame、CMyTestView、CMyTestDoc 所创建的对象转化为 Runtime 的指针记录到一个链表(CTypedSimpleList < CRuntimeClass * >·)中。当消息传递时,就需要用到 IsKindOf 进行确认。

在应用程序设计中,我们也常常把我们自己设计类设计成具有 Runtime 功能的类,这样在类的指针放入链表中管理时,我们可以方便地确认结点指针所代表的类。

4.3 串行化

串行化是 MFC 中文件存取的一种方法。要学习串行化,首先要明确工程文件和格式文件的区别。一个应用软件有关的文件的输入输出,有一种是要求按某种固定格式存储文件(固定格式如 BMP、JPEC、PDF、AVI 等),称为格式文件;除此而外,还有一种广泛使用的存储文件的方法,称为"工程文件"。

工程文件是将该工程各模块的当前的特征变量的状态保存下来,当下次读取这个工程文件时,就可以恢复保存工程文件时软件的状态。这称为保护与恢复现场。

比如 WORD 文件,当我们调入 DOC 文件的时候,不仅读入了编辑的内容,而且连保存文件时编辑的设置(即现场)也一并恢复出来。比如视图的设置、文档结构图、工具栏设置等编辑状态都可以恢复。所以 WORD 文件属于工程文件,这与 PDF 文件是不同的。MFC 提供的串行化方法就是作为工程文件的创作方法,也是 Runtime 的一个重要应用。

下面我们将看到由文件操作到串行化的演化过程。

4.3.1 文件的数据读取方式

在C++语言规范中,基于文件的数据保存和读取仍然沿用 C 语言文件操作的方式,首先是调用 fopen() 函数打开文件,获得文件指针,然后运用这个指针进行数据存取。

MFC 将文件操作包装成一个类:CFile,用对象的方法来操作文件。这个类的用法见例 4 - 8。

例 4 - 8 CFile 文件读取方式

```
CFile file; // 声明 CFile 对象
CFileException  fe;
// 以读方式打开文件
char * filename = "D:\\My Documents\\MyFile. txt";
if( file. Open(filename,CFile::modeRead,&fe)  == FALSE )
{
    fe. ReportError();   // 错误报告
    return;
}
// 读取文件中的数据
int iData;
BYTE byData;
SHORT nData;
LONG lData;
double dblData;
UINT nBytesRead;
nBytesRead = file. Read(&iData, sizeof(int) ); // 读取数据
nBytesRead = file. Read(&byData, sizeof(BYTE) ); // 读取数据
nBytesRead = file. Read(&nData, sizeof(SHORT) ); // 读取数据
nBytesRead = file. Read(&lData, sizeof(LONG) ); // 读取数据
nBytesRead = file. Read(&dblData, sizeof(double) ); // 读取数据

// 读完毕,关闭文件对象
file. Close();
```

我们看到例 4 - 8 的文件读取方式是数据逐个读取,其中没有使用 Seek()函数进行文件定位。这种没有定位操作的读取和保存数据的方式符合流的操作特征。因此,这种数据读取和保存的方式可以用流的操作。

4.3.2 CArchive 的数据读取与写入方式

为了实现对文件的流式操作,MFC 提供了类 CArchive,实现了运算符 << 和 >> 的重载。CArchive 这个类的定义相当冗长,我们只是简要地列出它的主要功能如下:

```
class CArchive
{
```

```
public：
// Flag values
enum Mode｛store = 0, load = 1, bNoFlushOnDelete = 2, bNoByteSwap = 4 ｝;
    CArchive(CFile * pFile, UINT nMode, int nBufSize = 4096,
                                        void * lpBuf = NULL);
    ~ CArchive();

// Attributes
    BOOL IsLoading() const; // 当前是否处于读取状态
    BOOL IsStoring() const; // 当前是否处于存储状态

// Operations
    UINT Read(void * lpBuf, UINT nMax); // 读一段数据
    void Write(const void * lpBuf, UINT nMax); // 写一段数据
    void Flush();  // 将缓冲中的数据写到文件中
    void Close();  // 关闭

public： // 重载流运算符(部分)
friend CArchive& AFXAPI operator << (CArchive& ar, const CObject * pOb);
friend CArchive& AFXAPI operator >> (CArchive& ar, CObject * & pOb);
friend CArchive& AFXAPI operator >> (CArchive& ar, const CObject * & pOb);
    CArchive& operator << (BYTE by);
    CArchive& operator << (WORD w);
    CArchive& operator << (LONG l);
    CArchive& operator << (DWORD dw);
    CArchive& operator << (float f);
    CArchive& operator << (double d);

    CArchive& operator >> (int& i);
    CArchive& operator >> (short& w);
    CArchive& operator >> (char& ch);
    CArchive& operator >> (unsigned& u);

    // object read/write
    CObject * ReadObject(const CRuntimeClass * pClass);
    void WriteObject(const CObject * pOb);
    void WriteClass(const CRuntimeClass * pClassRef);
  CRuntimeClass * ReadClass(
    const CRuntimeClass * pClassRefRequested = NULL,
```

UINT * pSchema = NULL, DWORD * pObTag = NULL);
　　　　void SerializeClass(const CRuntimeClass * pClassRef);
　　};

从 CArchive 的定义我们看出,该类实现了文件操作的流式运算。应用这个类我们可以将原来文件数据读取方式改成流式数据读取方式,如例 4 - 9。

例 4 - 9　使用 CArchive 的流式文件读取数据方式

```
CFile file; // 声明 CFile 对象
CFileException fe;
// 以读方式打开文件
char * filename = "D:\\My Documents\\MyFile. txt";
if( file. Open(filename,CFile::modeRead,&fe) == FALSE )
{
    fe. ReportError( ); // 错误报告
    return;
}
// 读取文件中的数据
int iData;
BYTE byData;
SHORT nData;
LONG lData;
double dblData;

CArchive ar(&file,CArchive::load); // 构建 CArchive 对象
ar >> iData >> byData >> nData >> lData >> dblData;
                                    // 流式数据读取方式
ar. Flush( ); // 更新数据
//读完毕,关闭文件对象
file. Close( );
```

4.3.3　串行化函数

有了上面的分析,我们可以很容易地理解串行化的方式。就是将例 4 - 8 中流式数据读取过程写成函数如下:

```
void Serialize(CArchive& ar)
{
    int iData;
    BYTE byData;
    SHORT nData;
```

```
LONG lData;
double dblData;

if ( ar. IsStoring( ) )
{ // TODO：add storing code here
    ar << iData << byData << nData << lData << dblData;
}
else // IsLoading
{ // TODO：add loading code here
    ar >> iData >> byData >> nData >> lData >> dblData;
}
}
```

于是,例 4 - 9 中数据读取部分就可以被替换成函数:Serialize(ar);

这个函数就被称为串行化函数,将串行化函数用于类的成员的保存和读取的方法就被称为串行化。

串行化的方法使得每个类可以将本类中表示当前状态的数据成员保存下来,以便读取的时候恢复现场。

串行化的方法用在类上,使得类具有这种串行化的能力。比如 CMyTestDoc 中就有串行化函数:void CMyTestDoc::Serialize(CArchive& ar)。这个串行化函数负责将所在类的变量保存到文件中。至于读文件和写文件的操作则隐藏在它的基类中,其实现过程与例 4 - 9 完全相同,由于串行化函数是虚函数,所以可供派生类重载。

串行化有下面两个原则(不是语法上的要求):

① 数据的保存和读取必须是完全对称的。由于流方式的特点,每个变量是完全按顺序处理的,每个变量保存时占多少字节,读取时也应该是多少字节,不能多也不能少。错一个字节就会导致后续数据的读取错误。

② 串行化可以存取所在类的变量,也可以调用所在类的对象成员的串行化函数,但不应该存取所在类以外的变量(存取全局变量时要慎重,避免重复存取);也不应该存取对象成员内部的变量。

串行化的方法提供了保存现场的一种方法,它在实现各模块数据统一存取的同时很好地保护了模块的独立性,是值得软件设计者借鉴的方法之一。

思考题

4 - 1　当我们与软件交互的时候(鼠标点击或键盘输入),输入的信息首先存放在软件中的什么地方?

4 - 2　为什么说 APP 类中 Run( )这个函数很重要?

4 - 3　根据 Run( )函数的代码指出软件系统在没有消息时会调用什么函数? 在软件中将如何利用这个函数?

4 - 4　所谓"运行期识别"所要识别的是什么?

4 - 3　CObject 类中 IsKindOf( )函数的作用是什么? 它又是如何实现的?

4-6 为什么要实现串行化,而不是直接读写文件?

4-7 为什么串行化时读取的字节与写入的字节要保持一致?

4-8 为什么串行化不能直接操作别的对象的数据成员?

习 题

4-1 编写一个单文档软件,在菜单中加入画图的菜单项,增加"Line"、"Rectangle"、"Ellipse"等选项,并在 VIEW 中实现画图功能。由此观察消息映射的过程。

4-2 在一个单文档软件中,设计由 CObject 派生的基类 CShape 和其派生类 CLine、CRectangle 和 CEllipse 等,设计一个以这些派生类为成员的数组,然后编写 IsKindOf( ) 函数的测试程序。

4-3 在一个单文档软件中,设计由 CObject 派生的基类 CShape 和其派生类 CLine、CRectangle 和 CEllipse 等。在 CShape 类中有成员变量 CPoint m_ptStart, m_ptEnd,在各个派生类中分别有各自的属性变量,比如 CLine 的变量是 int m_iPenWidth;CRectangle 的变量是 int m_iFillStyle;CEllipse 的变量是 UINT m_uFillColor。请写出各自的串行化函数和相应的流运算符。

第 **5** 章

MFC 程序的开发技术

　　由于 MFC 程序的工作原理的特殊性,MFC 软件开发技术也有其独特的内涵。同时,由于软件技术的不断发展,基于 MFC 的应用软件开发技术非常庞杂,其中嵌入了不少新的开发技术,例如 ActiveX 控件、网络通信、数据库访问、DirectX、OpenGL,等等。另外,为了使软件界面更加美观,还有各种界面设计技巧。由于本书不是专门介绍 MFC 开发技术的专著,所以不希望讨论这些扩展技术和界面开发技巧方面的知识。本章的重点在于围绕着软件设计的主题向读者介绍 MFC 的基本开发技术。

5.1　动态链接库与工程管理

5.1.1　动态链接库的基本概念

　　动态链接库(Dynamic – Link Library,可简称为动态库或 DLL)的概念并不特别,C 语言中就有 obj 文件的概念。一个 C 语言程序可以分成若干个模块,一个主模块,多个辅助模块。辅助模块生成 obj 文件与头文件一起提供给主模块进行链接,以便生成可执行文件。这个辅助模块对于主模块来说就是一些库函数。辅助模块不必提供源代码,主模块调用时只要把编译好的二进制执行代码(obj 文件)链接进来就可以了。这样可以提高编译的效率,在多人合作开发的情况下便于对工程进行切割,以保证工程的效率及明确责任。同样,VC++ 的动态链接库也是基于这种目的,只不过更为复杂。

　　你可以简单地把 DLL 看成一种“仓库”,它提供给你一些可以直接拿来用的变量、函数或类。在“仓库”的发展史上经历了“无库-静态链接库-动态链接库”的时代。静态链接库与动态链接库都是共享代码的方式,如果采用静态链接库,则无论你愿不愿意,库中的指令都被直接包含在最终生成的 EXE 文件中了。但是若使用动态库,则不必被包含在最终 EXE 文件中,EXE 文件执行时可以“动态”地引用和卸载这个与 EXE 独立的 DLL 文件。静态链接库和动态链接库的另外一个区别在于静态链接库中不能再包含其他的动态库或者静态库,而在动态链接库中还可以再包含其他的动态或静态链接库。

　　对于动态链接库,我们还需建立如下概念:

　　(1)DLL 的编制与具体的编程语言及编译器无关

　　只要遵循约定的 DLL 接口规范和调用方式,用各种语言编写的 DLL 都可以相互调用。譬如 Windows 提供的系统 DLL(其中包括了 Windows 的 API),在任何开发环境中都能被调用,不在乎其是 Visual Basic、Visual C++ 还是 Delphi。

　　(2)动态库随处可见

　　我们在 Windows 目录下的 system32 文件夹中会看到 kernel32. dll、user32. dll 和

gdi32. dll,windows 的大多数 API 都包含在这些 DLL 中。kernel32. dll 中的函数主要处理内存管理和进程调度;user32. dll 中的函数主要控制用户界面;gdi32. dll 中的函数则负责图形方面的操作。

一般的程序员都用过类似 MessageBox 的函数,其实它就包含在 user32. dll 这个动态链接库中。由此可见 DLL 对我们来说其实并不陌生。

(3)VC 动态链接库的分类

Visual C++ 支持三种 DLL,它们分别是 Non – MFC DLL(非 MFC 动态库)、MFC Regular DLL(MFC 规则 DLL)、MFC Extension DLL(MFC 扩展 DLL)。

非 MFC 动态库不采用 MFC 类库结构,其导出函数为标准的 C 接口,能被非 MFC 或 MFC 编写的应用程序所调用;MFC 规则 DLL 包含一个继承自 CWinApp 的类,但其无消息循环;MFC 扩展 DLL 采用 MFC 的动态链接版本创建,它只能被用 MFC 类库所编写的应用程序所调用。

(4)动态库与插件技术

不少流行软件都提供有对外挂插件的支持功能,如 Photoshop、RealPlayer、Microsoft Office 等等。这些软件通过对插件技术的使用为日后的软件升级和功能扩展提供了相当的便利条件。尤为重要的是,通过使用插件技术,使得对软件的功能扩展将不再完全受限于软件厂商,任何第三方开发商或是程序员个人只要遵循了软件提供的插件接口标准去开发插件就完全可以同主体软件有很好的兼容,从而使用户对应用程序进行个性化功能扩展成为了可能。插件的开发技术有很多种,其中应用较广泛的就是利用动态库技术的插件开发技术。动态库通过外部导出函数为应用程序提供对插件功能的调用,应用程序在对动态库进行动态装载时也比较容易实现。

5.1.2   一个简单的 DLL

我们先来看一个简单的动态库程序(MFC 规则 DLL)是如何构建的。在VC++ 中使用 MFC 向导创建 MFC 规则 DLL 的过程如下:

第 1 步:首先新建一个 project(例如 DLL 工程名为 DLLTest),选择 project 的类型为 MFC AppWizard(dll),点击 OK。

第 2 步:在接下来的对话框中选择 Regular DLL using shared MFC DLL,其他选项:Automation 是调用其他执行文件,Windows Sockets 是支持网络通信,此处不用选择。点击 Finish(完成)。

在生成的代码中我们可以看到动态库的入口类:class CDllTestApp : public CWinApp,这一点和应用程序的 App 类相似,但是 MFC 规则 DLL 并不是 MFC 应用程序,它所继承自 CWinApp 的类不包含消息循环。这是因为,MFC 规则 DLL 不包含 CWinApp::Run 机制,主消息泵仍然由应用程序拥有。如果 DLL 生成无模式对话框或有自己的主框架窗口,则应用程序的主消息泵必须调用从 DLL 导出的函数来调用 PreTranslateMessage 成员函数。

另外,MFC 规则 DLL 与 MFC 应用程序中一样,需要将所有 DLL 中元素的初始化放到 InitInstance 成员函数中。

DLL 文件不是可执行文件,必须由可执行程序来调用(称为主模块)。这个动态库函数的建立过程如下：

① 在 DllTest 工程的文件 DllTest. cpp 中建立函数如下：

void ShowDllMsgbox( )

{

    AfxMessageBox("Here's DLL Message Box！\n")；

}

② 在 DllTest 工程中建立供主模块调用的头文件 DllHeader. h，其中写该函数的声明如下：

void AFX_API_EXPORT ShowText( )；

③ 编译这个动态库工程。注意，这个工程生成的文件中有两个文件对我们来说至关重要。一个是 DllTest. dll，另一个是 DllTest. lib。它们位于该工程的 Debug 或 Release 目录中。

④ 在主模块 MyTest 中的资源（ResourceView）的菜单（Menu）中的 IDR_MAINFRAME 菜单中添加 DllMsgbox 菜单项，其 ID 为 ID_DLL_MSGBOX。

⑤ 利用 ClassWizard 在 MainFrm. cpp 中建立消息 ID_DLL_MSGBOX 的响应函数：

void CMainFrame::OnDllMsgbox( )

{

    ShowDllMsgbox （）；

}

⑥ 在这个消息响应函数之前加上：

#include "DllHeader. h"

如果这个头文件不在当前目录下，则应加上该头文件的路径。例如：

#include "..\DllTest\TestDllDlg. h"

⑦ 还应该在主模块中添加动态库的 lib 文件。在 Workspace 中的 FileView 将 DllTest. lib 像文件一样添加到工程中。

⑧ 最后，对当前工程 MyTest 进行编译，并把动态库编译生成的 DLL 文件拷贝到 MyTest 的执行文件所在的目录，如 Debug 或 Release 目录下；或拷贝到操作系统目录中的 System32 目录下。

通过这八个步骤，我们就可以实现动态库的调用了。当我们运行主模块 MyTest，点击菜单中的 DllMsgbox 菜单项，就会弹出定义在动态库中的 MessageBox。

5.1.3 DLL 的调用方式

我们现在要讨论动态库更深入的问题。首先我们注意 DLL 中函数编写问题。并不是 DLL 中所有函数都可以被"外部"（主模块或别的动态库）调用的，需要被外部调用的变量、函数或类的声明中应加上适当的标识。方法如下：

① 变量： int AFX_DATA_EXPORT g_iVariable；

② 函数： void AFX_API_EXPORT Function(int a)；

③ 类： class AFX_CLASS_EXPORT CMyObject ｛ ……｝；

下面我们来探讨一下主模块中是如何调用 DLL 的。

前面给出了 DLL 调用的最简单的例子,通过这个例子我们可以知道,动态库编译以后会产生两个重要文件,DLL 文件和 lib 文件,再加上 DLL 中需要被访问的变量、函数和类的声明文件,即有关的.h 文件。注意这里不包含源代码的 CPP 文件。

这三种文件的用法是:在编译阶段,主模块需要的是 lib 文件和.h 文件,而不需要 DLL 文件;对于主模块的执行文件 MyTest.exe 来说,只需要一个 DLL 文件就足够了。

在主模块编译阶段调用动态库的方式有多种,调用方式分为隐式调用和显式调用两类。

(1)隐式调用

隐式的意思是在主模块程序中调用 DLL 中对象(变量、函数、类或其他资源)的方式与本地的对象完全相同,就好像调用C++类库中对象一样。最简单的隐式调用的方法就是将 lib 文件当作普通文件一样放到文件视图(FileView)中,与前面的例子一样。

但这种调用有缺点的,比如一个动态库工程可能会产生两种类型的 DLL,一个是 Release 的库;另一个是 Debug 的库(MFC 习惯上在这种动态库名字后面加上大写的 D,以便和 Release 的 DLL 区分)。这两种库分别有两个 lib 文件。在主模块编写 Debug 程序时,应调用 Debug 的 lib;而在 Release 状态时当然就要调 Release 的动态库。这种在不同状态下隐式调用 DLL 的方法如下:

① 在主模块,某个头文件(例如 stdafx.h)中加入:

```
#pragma comment(lib,"DllTest.lib")
```

② 可以加上路径,如:

```
#pragma comment(lib,"..\\DllTest\\Debug\\DllTest.lib")
```

也可以在菜单项 Tools 中选择 Options -> Directories 中设置 lib 的路径。

③ 如果要求在 debug 状态下调用 DllTestD.DLL,在 Release 状态下调用 DllTest.DLL,则可以这样编写:

```
#if defined (_DEBUG)
#pragma comment(lib,"DllTestD.lib")
#else
#pragma comment(lib,"DllTest.lib")
```

如果希望在调用之后能在输出窗口输出一条信息,可以在上述语句后面加上:

```
#pragma message("Automatically linking with DllTest.dll")
```

(2)显式调用

显式调用是在程序执行过程中动态地调用 DLL。这种调用方式是指在应用程序中用 MFC 提供的 AfxLoadLibrary() 函数显式的将自己所做的动态连接库调进来,并指定 DLL 的路径作为参数。LoadLibary 返回 HINSTANCE 参数,应用程序在调用 GetProcAddress() 函数时使用这一参数。当完成对动态链接库的导入以后,再使用 GetProcAddress() 获取想要引入的函数,该函数将符号名或标识号转换为 DLL 内部的地址,之后就可以像使用本应用程序自定义的函数一样来调用此引入函数了。在应用程序退出之前,应该用 MFC 提供的 AfxFreeLibrary() 函数释放动态连接库。

使用显式调用方式可以让程序员来决定 DLL 文件何时加载或不加载,而操作系统在载入应用程序时不必要将所有该应用程序所引用的 DLL 都一起加载到内存中,只要在使用某个 DLL 时再将其载入,这样就可以减少应用程序在初始加载时所使用的时间和对内存的消耗。在对 DLL 加载的过程中,如果程序中没有指定 DLL 的路径,Windows 将遵循下面的搜索顺序来定位 DLL:

① 包含 EXE 文件的目录;

② 进程的当前工作目录;

③ Windows 系统目录;

④ Windows 目录。

以上述工程为例,在主模块中编辑 TestDLL 的显式调用程序不需要 DLL 文件,也不需要 lib 文件,只要相应的头文件就行了。例如:

```
#include "DllHeader. h"
```

在主模块程序的 DLL 调用的地方,插入如下代码:

```
HINSTANCE hDll = AfxLoadLibrary( "TestDll. dll" ); // 加载动态库
if( NULL == hDll)
{
    //  错误处理: "MFC 扩展 DLL 动态加载失败"
  return;
}
ShowDllMsgbox( ); // 动态库 TestDll 中函数
AfxFreeLibrary( hDll); // 不使用动态库时释放
```

5.1.4　建立有动态库的工程

如果是多人合作的开发项目,不能大家同时编写同一段代码,每个参与者必须要有明确的分工才能各司其职、各负其责,从而完成整体项目。这个分工就是划分模块,使各人对模块负责,在主模块中统一调用这些模块,达到分工合作的目的。动态库是一种常用的模块建立的方式。

对于多人合作、多个动态库组成的工程来说,必须有统一的工程组织方式,使得参与各方都知道从哪里获得 lib 文件和 .h 文件,新编写的 .h 和编译好的 DLL 文件应该送到哪里去。

还是以前面建立的 MyTest 主模块和 DllTest 动态库模块为例,建立工程目录如下:

① Debug 目录:存放可 Debug 的 EXE 和 DLL 文件,便于跟踪调试程序。

② Release 目录:存放可供发布(Release)的 EXE 和 DLL 文件。

③ Header 目录:存放各动态库公用的(供别的模块调用的)头文件。如果项目比较大,公用的头文件比较多而杂乱,则可以在此目录下再为每个模块增设一个子目录。

④ Lib 目录:存放每个动态库的 lib 文件,供别的模块编译时调用。

⑤ MyTest 目录:主模块目录。主要存放主模块的工程文件。

⑥ TestDll 目录:动态库目录,也就是各模块的目录。存放各模块的 cpp 文件和非公用的 .h 文件。每个目录对应一个动态库。

按照这个目录结构,各模块彼此调用时将有章可循,避免不必要的混乱。当然,为了实现这种代码管理模式,要在每个工程中作相应的设置。

为了使各模块彼此访问更加规范,可在建立上述目录的基础上做到以下几条:

① 在 Header 目录中建立几个项目公用的头文件,如 Public. h。

在这个头文件中可记录有关本项目所使用的全局声明,如数据类型、结构、宏定义、接口规范等。另外,该头文件应该包含各模块所有公用的头文件,使得应用模块只要包含这个头文件就能够揽括所有公用的头文件。

② 在每个模块的目录中建立一个本模块内通用的头文件,如 Module. h。

该头文件首先包含 Header 目录下的 Public. h,然后,再包含当前模块所需要共享的本地的头文件。

③ 在每个模块的每个 CPP 文件的开头,在预编译头文件 stdafx. h 的下面就可以包含这个 Module. h,从而免去为包含哪个头文件以及包含的次序操心的烦恼。另外,需要注意的是,不赞成把 Module. h 的包含放到 stdafx. h 文件中,因为 MFC 采用的是增量编译的方法,即预编译头文件只编译一次,Module. h 里面的某些文件被修改编译程序是检测不到的,除非点击"Rebuild All"。

MFC 为基于网络的开发团队提供了一种远程的代码管理工具:Visual SourceSafe (VSS),使用这个工具可以使同一个项目的开发团队建立版本管理机制,使开发团队各方能够安全有效地管理源代码,协调彼此的开发进度。关于这方面的知识已经超出了本书的范围,请读者自行查阅有关资料。

5.2　消息发送与接收

前面已经介绍过消息的基本原理,这节我们要讨论消息的使用。用 ClassWizard 设计消息响应函数是最常用的消息响应设计方法。但是,消息的使用并不限于这种方式,关于消息我们还需要了解下面几方面的知识。

5.2.1　消息的发送与接收

消息是 MFC 程序的命脉。MFC 中由 ClassWizard 可以自动实现菜单按钮等控件的消息与具体的函数或类相关联。但有些时候,我们也希望自己控制消息的发送和接收。MFC 在 CWnd 类中提供了供程序员自己使用的消息发送与接收机制,也就是说,只要是 CWnd 的派生类都可以利用这种机制进行消息的定义、发送和接收的方法。

(1)消息的发送

消息的发送有两种,一种是发送消息后消息需要立即处理,要等到消息处理完后再往下执行,这个发送消息的函数是 SendMessage( );另一种是发送以后消息进入消息队列,等当前发送函数所在的函数结束后再由消息循环机制来处理消息,其函数是 PostMessage( )。举例如下:

设 CWnd 的派生类为 CMyWnd,其头文件和程序文件分别为 MyWnd. h 和 MyWnd. cpp。可按下面的方法建立消息的发送(发送对象是 CMainFrame):

① 在 MyWnd. h 中,定义消息:

#define WM_MY_MESSAGE　　(WM_USER + 100)

〔注〕虽然说用户自定义消息从 WM_USER 开始,但是由于我们的工程里面一般还

有很多其他的控件,它们也要占用一部分 WM_USER 消息范围,所以我们必须为他们留出一部分范围,这里,我们保留 100 个消息,一般情况下,这可以满足我们的要求,如果还有其他消息可在此基础上递增。

② 因为要发送到 CMainFrame 的对象中,在 MyWnd. cpp 先要先添加:

`#include "MainFrm. h"` // 可以换成你要发送的任何 CWnd 的派生类的头文件。

③ 在 CMyWnd 中的某个函数中实现消息的发送,例如:

```
void MyWnd::OnButtonMsg( )
{
        // TODO：Add your control notification handler code here
        CMainFrame * pWnd = ( CMainFrame * ) AfxGetApp( ) -> m_pMainWnd;
                                        // 获取当前框架指针
        CView * pView = pWnd -> GetActiveView( );// 获取当前视类指针
        if( pView ! = NULL )  // 获取了当前视类指针才能发送消息
        pView -> PostMessage( WM_MY_MESSAGE,0,0);
                                        // 使用 PostMessage 发送消息
}
```

最后这个 PostMessage 也可以换成 SendMessage。

(2)消息的接收

对于消息的接受者——CMainFrame,一方面要将 MyWnd. h 包含进来,另一方面要定义消息映射函数——OnMyMessage( )。在 MainFrm. h 文件中的代码:

```
protected：
    //｛｛AFX_MSG( CMainFrame )
    ……
    //｝｝AFX_MSG
```

后面手工添加消息响应函数的声明:

`afx_msg LRESULT OnMyMessage( WPARAM wParam, LPARAM lParam);`

然后,在 MainFrm. cpp 中,在消息映射代码:

```
BEGIN_MESSAGE_MAP( CMainFrame, CFrameWnd)
    //｛｛AFX_MSG_MAP( CMainFrame)
    ……
    //｝｝AFX_MSG_MAP
```

的后面添加消息的映射:

`ON_MESSAGE( WM_MY_MESSAGE, OnMyMessage)`

最后,在 MainFrm. cpp 中添加消息响应函数:

```
LRESULT CMainFrame::OnMyMessage( WPARAM wParam, LPARAM lParam)
{
    AfxMessageBox( "Message has gotten!"); // 消息处理
    return 0;
}
```

还有一种定义消息的方法,就是调用 SDK 函数 RegisterWindowMessage 定义消息。将上面的消息的定义写成:

static UINT WM_MY_MESSAGE = RegisterWindowMessage(_T("User"));

并使用 ON_REGISTERED_MESSAGE 宏指令取代 ON_MESSAGE 宏指令,其余步骤同上。这样做法的特点是不同的字符串可以得到不同的消息值,从而避免消息值的重复。

5.2.2 自定义消息块

有时消息需要定义一系列相似的消息,可以由一个函数来响应,称为消息块。消息块就以一个 Range 来表示,主要是用来一次处理多个消息。为了便于设置消息映射,提供给一个响应函数来处理这些消息,要求消息的值必须是连续的。

通常,消息块有 4 个处理消息映射的宏:ON_CONTROL_RANGE、ON_NOTIFY_RANGE、ON_COMMAND_RANGE 和 ON_UPDATE_COMMAND_UI_RANGE,他们的使用方法类似,下面只介绍比较常用的宏:ON_COMMAND_RANGE。

ON_COMMAND_RANG 的使用步骤如下:

(1)使用命令范围宏

ON_COMMAND_RANGE 宏接收所有 ID 在某一范围之内的命令消息(WM_COMMAND 消息)。使用这个宏可以在一个函数中处理多条命令。

① 定义一组消息 WM_TEST_1 到 WM_TEST_4:

```
#define WM_TEST_1    (WM_USER +101)
#define WM_TEST_2    (WM_USER +102)
#define WM_TEST_3    (WM_USER +103)
#define WM_TEST_4    (WM_USER +104)
```

② 在类 CMyTestView 的 .h 文件的{{ }}之后定义命令处理函数:

```
protected:
        //{{AFX_MSG(CMyTestView)
        ……
        //}}AFX_MSG
        afx_msg void OnTestCommandRange(UINT nID);
        DECLARE_MESSAGE_MAP()
```

③ 在类 CMyTestView 的 .cpp 文件的消息映射区域中,同样在{{ }}之后,加入 ON_COMMAND_RANGE 宏到类的消息映象。头两个参数定义了要处理的命令 ID 的范围,这些 ID 依大小顺序,小的在前,大的在后。最后一个参数是在第一步中定义的消息处理函数的名称。

```
BEGIN_MESSAGE_MAP(CMyTestView,CView)
        //{{AFX_MSG_MAP(CMyTestView)
        ……
        //}}AFX_MSG_MAP
        ON_COMMAND_RANGE(WM_TEST_1,WM_TEST_4,OnTestCommandRange)
END_MESSAGE_MAP()
```

④ 用下面的语句添加消息处理函数。参数 nID 是要处理命令的 ID。

```
void CMyTestView::OnTestCommandRange( UINT nID )
{
    switch（nID）
    {
    case WM_TEST_1：
        …… // 消息 1 处理
        break ；
    case WM_TEST_2：
        …… // 消息 2 处理
        break ；
    case WM_TEST_3：
        …… // 消息 3 处理
        break ；
    case WM_TEST_4：
        …… // 消息 4 处理
        break ；
    }
}
```

5.2.3 与其他应用程序通信

前面我们讲的消息传递都是基于同一个应用程序的,但是在某些情况下我们可能需要向其他的应用程序发送消息,这时候我们可以采用 SendMessage( ) 函数向目标应用程序的某个窗口的句柄发送消息。其中的技巧在于获取该窗口的句柄。同时使用 Register-WindowMessage( ) 函数创建一个唯一的消息,并且两个应用程序相互都了解这条消息的含义。同时还会用到 BrodcastSystemMessage( ) 函数,它可以向系统中的每个应用程序的主窗口发送消息。这样便可以避免出现获取另一个应用程序窗口句柄的问题。Broad-castSystemMessage( ) 函数提供了附加的标志 BSF_LPARAMPOINTER,可以将写入参数 lParam 的指针转化为可以被目标程序用来访问程序空间的指针,但是这个标志可能尚未进行文档标准化。

方法如下：

首先注册自己的窗口消息。不过我们这次不用 WM_USER + 1 的技术,注册窗口消息的好处是不必费心考虑 WM_USER 加上某个数之后,所表示的消息标识符是否超出工程的允许范围。本例在两个工程中都使用文本字符串来注册消息。由于这个文本字符串在整个系统中应当是唯一的,因此将使用一种被称为 GUID 的 COM 技术来命名消息。GUID 名字生成器程序可以在 MFC 的\BIN 目录下找到,其可执行文件名为 GUIDGEN.EXE。该程序将生成在应用程序已知范围内认为是唯一的文本字符串,这对应用程序来说当然是最好不过的。

（1）注册一个唯一的窗口消息

使用 GUIDGEN.EXE 生成一个 GUID。在应用程序中把 GUID 定义为窗口消息文本字符串：

#define HELLO_MSG "{6047CCB1 – E4E7 – 11d1 – 9B7E – 00AA003D8695}"

使用::RegisterWindowsMessage()注册该窗口消息文本字符串：

static UINT idHelloMsg = ::RegisterWindowMessage(HELLO_MSG);

保存消息标识符 idHelloMsg，便于以后使用。

（2）向其他应用程序发送消息

使用::RegisterWindowsMessage()返回的消息标识符发送消息，可使用以下代码：

::SendMessage(hWnd, idHelloMsg,wParam,lParam);

以上代码假定事先可以通过某种方式获取目标应用程序的某个窗口的句柄。一个指向 CWnd 类的指针不能在程序范围之外而发挥作用。但是可以在 CWnd 类中封装已获取的窗口句柄，并按如下所示来发送消息：

CWnd wnd;

wnd.Attach(hWnd);

wnd.SendMessage(idHelloMsg,wParam,lParam);

（3）接收已注册的窗口消息

为接收已注册的窗口消息，需要在接收窗口类，一般为 CMainFrame 中手工添加 ON_REGISTERED_MESSAGE 消息宏到消息映射中：

BEGIN_MESSAGE_MAP(CMainFrame, CMDIFrameWnd)

// {{AFX_MSG_MAP(CMainFrame)

……

// }}AFX_MSG_MAP

ON_REGISTERED_MESSAGE(idHelloMsg,OnHelloMsg)

END_MESSAGE_MAP()

有关已注册消息的消息处理函数的代码如下：

LRESULT CMainFrame::OnHelloMsg(WPARAM wParam,LPARAM lParam)

{

　　AfxMessageBox("Message : Hello!"); // 消息处理

　　return 0;

}

该实例到目前为止，一直假定事先可以通过某种方式取得目标应用程序的某个窗口的句柄。但这是一个困难的任务。简单的方法是向每个应用程序广播一条消息，并且希望目标程序正在监听。由于在系统中注册了一条唯一的消息，因此只有目标程序会响应这条消息。应用程序广播的消息可能是它自己的窗口句柄，于是接收程序可以使用::SendMessage()来发送应答，也可能是用窗口句柄来结束循环。

（4）广播窗口消息

使用下面的代码广播窗口消息：

WPARAM wParam = xx; // 某个参数

LPARAM lParam = xxxx; // 某个参数或指针

```
DWORD dwRecipients = BSM_APPLICATIONS;
::BroadcastSystemMessage( BSF_IGNORECURRENTTASK,&dwRecipients,
            idHelloMsg,wParam,lParam );
```

5.3　串行化文件的保存与读取

前一章我们已经学习了串行化的原理,知道了串行化是为工程文件服务的,目的是保存工程文件。前面我们也介绍了工程文件的建立、动态库的建立等。我们现在要讨论的是如何实现基于串行化技术的工程文件的保存和读取。

5.3.1　让类支持串行化

要使工程能支持串行化,就必须使每个类支持串行化。可按照下列步骤设置:
① 先写如下宏定义:

```
#define DECLARE_ARCHIVE( class_name )              \
        friend CArchive& AFXAPI operator <<        \
            ( CArchive& ar, class_name& ); \
        friend CArchive& AFXAPI operator >>        \
            ( CArchive& ar, class_name& ); \
#define IMPLEMENT_ARCHIVE( class_name )        \
CArchive& AFXAPI operator << ( CArchive& ar, class_name& Ob) \
    {    Ob.Serialize(ar);       return ar; }        \
CArchive& AFXAPI operator >> ( CArchive& ar, class_name& Ob) \
    {    Ob.Serialize(ar);       return ar; }        \
```

按照前面工程的设置,这些定义可以放在 Public.h 中。
② 在创建的类的声明中添加宏定义和 Serialize 函数声明,如:

```
class CMyClass  : public CObject
{
    DECLARE_ARCHIVE( CMyClass )
public:
    void Serialize  (CArchive& ar);
    ……
private:
    int m_iVariable;
};
```

③ 在类的实现中添加宏定义和 Serialize 函数的实现,如:

```
IMPLEMENT_ARCHIVE( CMyClass )
    ……
void CMyClass::Serialize  (CArchive& ar)
{
```

```
        if ( ar. IsStoring( ) )
        {        // storing code
            ar  <<  ( WORD) m_iVariable;
        }
        else
        {        // loading code
            ar  >>  ( WORD&) m_iVariable;
        }
}
```

上述代码添加以后,该类就具有串行化功能,也就是说,该类的对象可以实现串行化。

5.3.2　DOC 中的串行化

在 MFC 结构中,这个串行化的源头在 DOC 类中。所以,每个类的串行化只有实现了与 DOC 类的联系,这个串行化才是有效的。以 MyTest 为例,我们打开 CMyTestDoc 类有函数 Serialize 如下:

```
//////////////////////////////////////////////////////////////////
// CMyTestDoc serialization
void CMyTestDoc::Serialize( CArchive& ar)
{
    if ( ar. IsStoring( ) )
    {
        // TODO: add storing code here
    }
    else
    {
        // TODO: add loading code here
    }
}
```

在串行化的过程中必须遵守一个原则,就是每个类只保存自己的成员变量或成员对象。因此,要使某个类实现串行化到文件,该类的对象必须直接或间接成为 DOC 的成员对象。以上述 CMyClass 为例,串行化到文件的过程如下:

① 将 CMyClass 的对象设成 CMyTestDoc 类的成员对象:

```
class CMyTestDoc : public CDocument
{
protected: // create from serialization only
    CMyTestDoc( );
    DECLARE_DYNCREATE( CMyTestDoc)
// Attributes
public:
```

```
        CMyClass m_Ob;
};
```
② 在 CMyTestDoc 类的实现中的 Serialize 函数加进成员对象的串行化：

```
void CMyTestDoc：：Serialize（CArchive& ar）
{
    if（ar.IsStoring（））
    {       // TODO：add storing code here
        ar  >>  m_Ob;
    }
    else
    {       // TODO：add loading code here
        ar   <<  m_Ob;
    }
}
```

5.3.3　串行化到文件

串行化的目的是要将各类中需要保存的变量存储到工程文件中，并能够读取它们。我们把这个过程称为串行化到文件。我们前面所做的工作只是实现了串行化，但没有实现串行化到文件这个最终结果部分。MFC 有一套串行化到文件的解决方案。虽然 MFC 提供了文件打开到保存的缺省解决方案，但有时我们还是希望自己来控制这个过程。下面以 SDI 的操作为例说明程序员如何自己改写这个过程。

在 MFC 中，串行化到文件的过程主要是在 DOC 类（也可在 VIEW 类中）和 APP 类（也可在 FRAME 类中）中进行的。负责文件存储和读取有五大功能：新建（New）、打开（Open）、保存（Save）、另存为（Save As）和关闭（Close）。这五大功能无论在单文档还是多文档情况下都是一套代码，文件存取过程需要照顾到多文档的情况。MFC 中规定新建和打开由 APP 类负责（也可在 FRAME 类），保存和另存为归 DOC 类管理（也可在 VIEW 类）。这是因为在多个 DOC 对象的情况下，保存时当然是保存当前被激活的 DOC 对象；而打开文件或新建时，是要创建一个新的 DOC 对象，当然不能在已有的 DOC 对象中进行。关闭这个功能是放在 FRAME 类中。

要实现文件存取，必须要用到 CDocument 的两个成员函数：

BOOL OnSaveDocument（LPCTSTR lpszPathName）；

BOOL OnOpenDocument（LPCTSTR lpszPathName）；

这两个函数分别实现文件的创建和打开，并自动调用 DOC 类中的 Serialize 函数。因此，调用了这两个函数就不需要再去写文件创建和打开的代码了。

另外，DOC 类提供了一个关于文档是否被修改的属性变量。有两个函数来管理。如：

BOOL IsModified（）；

void SetModifiedFlag（ BOOL bModified ＝ TRIUE ）；

当文档被修改时可以调用 SetModifiedFlag（）来设置修改属性。并用 IsModified（）来判别文档是否已被修改。

另外,DOC 类中有一个变量 m_strPathName 是记录当前文件名的,由系统自动保存,可以用 GetPathName( )来获取。还有 m_strTitle 是记录缺省文件名,该变量根据不同语言的操作系统给出不同的名字,例如,英文版操作系统为"Untitle"、中文操作系统为"无标题",当然还有其他版本的缺省名称,是 MFC 自动给出的。

一般的文件保存功能设置的实现过程如下:

(1)实现"Save As"

"Save As"是属于 DOC 的工作,所以应该将菜单中 ID_FILE_SAVE_AS 的 ID 对应到 DOC 类中的消息响应函数 OnFileSaveAs( )。"另存为"的过程有五步,代码见例 5 – 1。

例 5 – 1　文件另存为:SaveAs

```
void CMyTestDoc::OnFileSaveAs( )
{
    // 1. 设置要保存的文件名
    CString newName = m_strPathName; // 当前文件名
    if (newName.IsEmpty( ))
        newName = m_strTitle; // 缺省的文件名:无标题
    // 2. 设置"另存为对话框"属性
    char BASED_CODE szFilter[ ] = "工程文件( * . prj)| * . prj||";
    CFileDialog dlgFileSaveAs ( FALSE, "PRJ", newName,
        OFN_OVERWRITEPROMPT | OFN_PATHMUSTEXIST,
            szFilter, AfxGetMainWnd( ) );
    // 3. 弹出对话框。如果用户点击"取消",则退出。
    if ( dlgFileSaveAs.DoModal( ) ! = IDOK )
        return; // 如果不成功,退出!
    // 4. 获取文件名(包括路径)
    newName = dlgFileSaveAs.GetPathName( );
    // 5. 保存文件
    if ( ! OnSaveDocument(newName) )
    {
        AfxMessageBox("文件保存失败!");
        return;
    }
    SetPathName(newName); // 保存当前文件名
    AfxMessageBox("文件保存成功!");
}
```

(2)实现"Save"

"Save"也是属于 DOC 的工作,菜单中 ID_FILE_SAVE 的 ID 对应到 DOC 类中,消息响应函数是 OnFileSave( )。保存的工作相对简单,根据 DOC 中的文件名来保存工程文件。当 m_strPathName 为空的时候,应该调用 SaveAs 对话框进行保存,否则就按照 MFC 在 CDocument 中给定的保存方式进行保存。代码见例 5 - 2。

例 5 -2　文件保存:Save

```
void CMyTestDoc::OnFileSave( )
{
    if ( m_strPathName.IsEmpty( ) )
        OnFileSaveAs( );
    else
        CDocument::OnFileSave( );
}
```

(3)实现"Open"

"Open"是 APP 的工作,对应的菜单项是 ID_FILE_OPEN,消息响应函数是 OnFileOpen( ),与另存为类似,需要重新改写。代码如例 5 - 3。

例 5 -3　文件打开:Open

```
void CMyTestApp::OnFileOpen( )
{   // 1. 设置打开文件对话框
    char BASED_CODE szFilter[ ] =
        "工程文件 ( * . prj) | * . prj | | ";
    CFileDialog dlgFileOpen ( TRUE, "PRJ", " * . prj",
        OFN_HIDEREADONLY | OFN FILEMUSTEXIST,
        szFilter, AfxGetMainWnd( ) );
    // 2. 运行打开文件对话框
    if ( dlgFileOpen.DoModal( ) ! = IDOK )
        return; // cancel
    // 3. 获取文件名
    CString strPathName = dlgFileOpen.GetPathName( );
    // 4. 按串行化打开文件
    OpenDocumentFile(strPathName); // 该函数会调用 DOC 中相应的函数
}
```

(4)实现"新建 New"

对于 SDI 程序来说,"新建"的意义在于保存老文档,然后将文档清空(重置);而对于

MDI 来说,就是根据文档模板创建一个新的文档。新建的工作是在 APP 中进行的,对于 SDI 程序,如果 ModifiedFlag 为 TRUE,则会提醒用户对已修改的程序作保存。等文档保存或新的模板创建出来后,就会调用 DOC 类中的 NewDocument() 函数。程序员可以在 DOC 类中重载该函数,用来完成 DOC 对象重置或创建以后所要进行的工作。

如果想要在 DOC 对象重置或创建之前提醒用户保存原有文档、给新文档起名、工程创建向导等,就必须在 APP 中重载 OnFileNew() 函数。当然,在做完前期准备工作后请别忘调用一下 CWinApp::OnFileNew(),保证某些属性的重置。

（5）实现"关闭 Close"

如果 ModifiedFlag 为 FALSE,则文件会自动关闭而不进行任何提示;但如果为 TRUE,则系统会调用 Save 提示用户进行保存。这个工作是在 FRAME 中完成的。参考代码如例 5 - 4。

例 5 - 4　文件关闭:Close

```
void CMainFrame::OnClose()
{

    CDocument * pDocument = GetActiveDocument();
    if ( pDocument ! = NULL && pDocument -> IsModified() )
    {

        int nResponse = AfxMessageBox("退出工程吗?",MB_YESNOCANCEL);
        if ( nResponse == IDCANCEL )
            return;
        else if ( nResponse == IDYES )
            pDocument -> OnCmdMsg(ID_FILE_SAVE,0,NULL,NULL);
    }
    CFrameWnd::OnClose();
}
```

最后请注意,如果是保存工程文件,MFC 会通过 DOC 类中的 OnSaveDocument 和 On-OpenDocument 去调用 Serialize,从而实现串行化。如果用户保存的不是工程文件,比如某种格式文件,不希望使用 Serialize 串行化,就必须重载这两个函数,自己去操作文件的读写。在重载函数中不必调用 CDocument 类的这两个函数。

5.4　注册表

注册表是 Windows 操作系统从 Windows 95 开始设置的系统配置文件,其中记录了操作系统配置、硬件配置、用户的信息、应用程序的数据等。比如注册表中记录了操作系统启动以后缺省运行的程序。注册表是全局可以访问的,应用程序利用注册表可以将本软件注册信息、菜单设置、程序编辑状态、插件、OLE、文件关联等信息放入注册表,实现程序功能的扩展。

5.4.1 注册表的基本操作

注册表与原先的 INI 文件不同,它是多层次的树状数据结构,具有六个分支(根键 root key),每个分支又由许多的键(key)和键值(value)组成,而每个键则代表一个特定的配置项目。MFC 应用程序的初始化(InitInstance)函数中有语句:

SetRegistryKey(_T("Local AppWizard – Generated Applications"));

这条语句为该应用程序在预定了在注册表中预定了一个席位。这个席位的位置在:

HKEY_CURRENT_USER/Software/Local AppWizard – Generated Applications

这是为写注册表所作的准备。就是说,如果程序中有更进一步的注册表写入信息,这条语句就生效了;不然,这个注册项并不实际写注册表。有了这条语句后,可在 APP 类中调用 WriteProfileInt ／ WriteProfileString 函数写入数据,调用 GetProfileInt ／ GetProfileString 读取数据。

如果准备写注册表,建议首先将这个信息改成该软件的一个宣言,例如:

SetRegistryKey(_T("Software Tutorial written by CUC"));

下面就是 Profile 的读写语句,例如:

WriteProfileInt("Settings" , "x" , 23);

WriteProfileInt("Settings" , "y" , 12);

WriteProfileString("Settings" , "书名" , "软件设计");

WriteProfileString("Settings" , "单位" , "信息工程学院");

读的方式也是类似。在 APP 中使用 GetProfileInt ／ GetProfileString 来读取有关注册表中的数据。

如果程序员不满足于自己这块"领地",需要访问注册表中其他程序注册的数据,则需要按照下面的方法去访问。

查询用户信息的代码参考代码如例 5 – 5。

例 5 – 5 查询注册表中用户信息代码

```
HKEY hKEY; // 定义有关的 hKEY, 在查询结束时要关闭。
LPCTSTR data_Set =
        "Software\\Microsoft\\Windows\\CurrentVersion\\" ;
// 打开与路径 data_Set 相关的 hKEY,第一个参数为根键名称,第二个参数表。
// 表示要访问的键的位置,第三个参数必须为 0,KEY_READ 表示以查询的方式。
// 访问注册表,hKEY 则保存此函数所打开的键的句柄。
long ret0 = ( ::RegOpenKeyEx( HKEY_LOCAL_MACHINE, data_Set, 0, KEY_
READ, &hKEY ) );
if( ret0 ! = ERROR_SUCCESS) //如果无法打开 hKEY,则终止程序的执行
| MessageBox( "错误: 无法打开有关的 hKEY!" );   return;  |
//查询有关的数据（用户姓名 owner_Get）。
```

```
LPBYTE owner_Get = new BYTE[80];
DWORD type_1 = REG_SZ; DWORD cbData_1 = 80;
// hKEY 为刚才 RegOpenKeyEx()函数所打开的键的句柄,"RegisteredOwner"。
// 表示要查 询的键值名,type_1 表示查询数据的类型,owner_Get 保存所。
// 查询的数据,cbData_1 表示预设置的数据长度。
long ret1 = ::RegQueryValueEx(hKEY, "RegisteredOwner", NULL,
                  &type_1, owner_Get, &cbData_1);
if(ret1 ! = ERROR_SUCCESS)
{
MessageBox("错误:无法查询有关注册表信息!");
return;
}


// 查询有关的数据(公司名 company_Get)
LPBYTE company_Get = new BYTE [80];
DWORD type_2 = REG_SZ; DWORD cbData_2 =80;
long ret2 = ::RegQueryValueEx(hKEY, "RegisteredOrganization", NULL,&type_2,
company_Get, &cbData_2);
if(ret2 ! = ERROR_SUCCESS)
{
MessageBox("错误:无法查询有关注册表信息!");
return;
}
// 将 owner_Get 和 company_Get 转换为 CString 字符串,以便显示输出。
CString str_owner = CString(owner_Get);
CString str_company = CString(company_Get);
delete[] owner_Get; delete[] company_Get;
// 程序结束前要关闭已经打开的 hKEY。
::RegCloseKey(hKEY);
……
```

这样,上述程序执行完毕,字符串 str_owner 和 str_company 则表示查询到的用户的姓名和公司的名称,在VC++ 中便可用对话框的方式将其显示出来。其他信息的查询原理是相同的。

如果需要修改用户信息,则可使用::RegSetValueEx()等函数进行注册表的修改,此处不再赘述。

5.4.2 设置文件关联

作为注册表的一个应用,我们尝试利用注册表功能实现文件后缀名与可执行文件的关联(简称文件关联)。在 Windows 系统中,双击一个文件会自动调用和其相关联的程序,进行文件关联。我们可以通过修改注册表来创建或改变文件关联程序。以"MyTest"程序的后缀名为". prj"为例,文件关联的手工设置如下:

① 打开注册表编辑器,在 HKEY_CLASSES_ROOT 下创建次主键". prj",并设其键值中数据为"MyTest. file"。

② 还是在 HKEY_CLASSES_ROOT 下创建另一个次主键"MyTest. file",其键值数据为本软件的描述,如"MyTest 程序"。

③ 在 MyTest. file 次主键下创建子键"DefaultIcon",设置键值数据为当前执行文件的全路径加上", 1"。

④ 在 MyTest. file 次主键下创建子键"shell\open\command",设置键值数据为当前执行文件的全路径(加引号)加上" %1"。

以上过程用程序来实现的具体代码见例 5-6 和例 5-7。

例 5-6 设置键值并写入数据

```
BOOL SetRegistryValue( HKEY hOpenKey, LPCTSTR szKey,
           LPCTSTR szValue, LPCTSTR szData)
{
    // 检测字符串的有效性
    if( ! hOpenKey || ! szKey || ! szKey[0] || ! szValue || ! szData )
    {
        ::SetLastError( E_INVALIDARG);
        return FALSE;
    }
    BOOL    bRetVal = FALSE;
    DWORD   dwDisposition;
    DWORD   dwReserved = 0;
    HKEY    hTempKey = (HKEY)0;
    // 求字符串的长度,以字节计算
    DWORD   dwBufferLength = lstrlen(szData) * sizeof(TCHAR);
    // 打开有关键,将键值的有关数据 szData 写入相应的键值中
    if( ERROR_SUCCESS ==
            ::RegCreateKeyEx(hOpenKey, szKey, dwReserved,
            (LPTSTR)0, REG_OPTION_NON_VOLATILE, KEY_SET_VALUE, 0,
            &hTempKey, &dwDisposition) )
```

```
    {
        // dwBufferLength 必须包含结束字符 nul
        dwBufferLength + = sizeof(TCHAR);
        if( ERROR_SUCCESS == ::RegSetValueEx(hTempKey,
                (LPTSTR)szValue,  dwReserved, REG_SZ, (LPBYTE)szData,
                dwBufferLength))
        {         bRetVal = TRUE;    }
    }
    if( hTempKey )    // 关闭所打开的键
    {     ::RegCloseKey(hTempKey);              }
    return bRetVal;
}
```

例 5 -7　文件关联设置函数

```
BOOL FileAssociation(LPCTSTR lpszExtName, LPCTSTR lpszProgName,
                LPCTSTR lpszProgDescription)
{

    CString csKey = lpszExtName; // 后缀名如 ". prj"
    CString csDocumentClassName = lpszProgName;// 如"MyTest. file"
    // ===== 注册一个 lpszExtName 的次主键,其键值数据为 lpszProgName
    SetRegistryValue(HKEY_CLASSES_ROOT, csKey, "",
        csDocumentClassName);
    // ===== 获取当前运行程序的路径
    TCHAR     szProgPath[MAX_PATH * 2];
    ::GetModuleFileName(NULL, szProgPath,
            sizeof(szProgPath)/sizeof(TCHAR));
    // ===== 按 csDocumentClassName 注册次主键,其键值数据为程序的描述
    csKey = csDocumentClassName;
    CString csDocumentDescription = lpszProgDescription;
                // 程序描述,如 "MyTest 程序"
    SetRegistryValue(HKEY_CLASSES_ROOT, csKey, "",
        csDocumentDescription);
    // ===== 设置缺省图标
    CString csDocumentDefaultIcon = szProgPath;
    csDocumentDefaultIcon += ",1";
```

```
        if( ! csDocumentDefaultIcon. IsEmpty( ) )
        {

            csKey    = m_csDocumentClassName;
            csKey + = "\\DefaultIcon";
            SetRegistryValue( HKEY_CLASSES_ROOT, csKey, "",
                csDocumentDefaultIcon);
        }
        // ===== 设置程序执行路径 shell\open\command
        CString csShellOpenCommand;
        csShellOpenCommand. Format( "\"% s\" \"% 1\"", szProgPath);
        if( ! csShellOpenCommand. IsEmpty( ) )
        {

            csKey    = m_csDocumentClassName;
            csKey + = "\\shell\\open\\command";
            SetRegistryValue( HKEY_CLASSES_ROOT, csKey, "",
                csShellOpenCommand);
        }

        return TRUE;
    }
}
```

　　请注意,上面的代码并没有考虑到该后缀名已有关联而添加新的关联,或者多个后缀名与同一程序关联的情况。考虑这些情况将使上面的处理过程更为复杂。

　　设置文件关联以后,可以将相关的文件的路径名可由程序的 APP 类中的 InitInstance( )来接收。当然,程序中必须对传递过来的路径名作出处理,这个处理过程如例 5 − 8 所示。

例 5 − 8　在 APP 类中的相应的处理

```
BOOL CMyTestApp∷InitInstance( )
{
    ……　// 省略其他代码
    CCommandLineInfo cmdInfo;
    ParseCommandLine( cmdInfo);
    if ( ! ProcessShellCommand( cmdInfo)
        return FALSE;
    // 获取传过来的参数:双击打开的文件的文件路径名称
    CString strFilePathName = cmdInfo. m_strFileName;
```

```
// 调度在命令行中指定的命令。
if ( ! strFilePathName.IsEmpty( ) )
{
                    // 通过获取的 strFilePathName 文件名称实现相关操作
                    // 比如调用 OpenDocumentFile( strFilePathName )
}
return TRUE;
}
```

5.5 异常处理

另外,一个软件必备的技术就是异常处理。所谓异常情况是指诸如内存溢出、磁盘已满、文件读写错误、网络误码等程序中"非正常"的这些情况的处理。在理想状态下这些情况是不应该发生的,但实际使用中不得不考虑这些异常情况的处理方法。

异常处理也是一个"完整的"软件所必须具备的功能,所以介绍如下。

5.5.1 异常处理

异常处理代码称为程序的冗余代码,因为程序在"正常"状态下是不需要这些代码的。比如内存永远不会不足、磁盘空间不会被写满、文件不会出现打开或写入错误、网络传输数据不会有误码,等等,这当然只是一厢情愿的事情,实际上程序员不得不考虑如何处理那些"非正常"——"异常"的情况,这就是异常处理。必须指出,异常处理只针对可以预料的异常情况,如内存溢出、磁盘已满、文件读写错误、网络误码等;对于不知原因的错误,如莫名死机、非法访问、数据错误、反应迟钝等问题是无能为力的。

无论什么程序总会出现"异常",都需要进行异常处理,但 MFC 有一套独特的处理方法。要说明这个方法还需要从 C 语言的有关处理方法讲起。在 C 语言中对于程序中的异常情况是用返回值来表示的。

例如,假定有一个结构定义如下:

char[ ] schoolName = "中国传媒大学";

struct StudentType
{
    char name[10];

    int num;

    int age;

    char addr[10];

} student;

假设已给这个变量 student 赋值,现在需要将这个变量保存到某个文件中。C 语言代码如下:

void Save(char * pfname)

```
    {
        FILE *fp;
        if((fp = fopen(pfname,"wb")) == NULL)
        {
            printf("cant open the file");
            exit(1);
        }
    if(fwrite(schoolName, strlen(schoolName),1,fp)! = 1)
    {
        fclose(fp);
        printf("file write error\n");
        exit(1);
    }
    if(fwrite(&student,sizeof(struct StudentType),1,fp)! = 1)
    {
        fclose(fp);
        printf("file write error\n");
        exit(1);
    }
    fclose(fp);
}
```

fopen 和 fwrite 的返回错误对该函数来说就是异常情况。作为练习,这个程序编的没错,但作为应用软件的一个模块,该程序是有严重问题的。

首先,由于该函数调用了 exit( ) 函数,会导致整个程序(不仅是该函数)突然中断退出。这种退出对用户非常不友好,而且程序也来不及做其他善后处理。

其次,prinf 对用户的提示也是不明显。这种提示只适用于命令行,如果是窗口程序,则无任何效果。

上述代码改进如下:

```
#define FOK      0
#define FOPEN_ERR    1
#define FWRITE_ERR   2
int Save(char * pfname)
{
FILE *fp;
if((fp = fopen(pfname,"wb")) == NULL)
{
    return FOPEN_ERR;
}
if(fwrite(schoolName, strlen(schoolName),1,fp)! = 1)
```

```
            {
                    fclose( fp) ;
            return FWRITE_ERR;
            }
    if( fwrite( &student, sizeof( struct StudentType) ,1 ,fp)！ =1)
            {
                    fclose( fp) ;
                    return FWRITE_ERR;
            }
    fclose( fp) ;
    return FOK;
}
```

这个代码将异常情况用返回值的方法交给该函数的调用者来处理,而不是在函数内部自行处理,符合函数的设计原则,也是 C 语言程序常用的编程方法。但是,对于程序规模比较大、函数调用嵌套比较深的软件来说,每一次函数调用都要处理这些返回值,增加了太多的冗余代码,使程序看起来比较乱。而且如果每个函数都有自己的错误返回代码,当程序中有大量的函数时,研读每一个函数的错误代码也是一件痛苦的事。

为解决这个问题,MFC 根据C++ 异常处理的原理,提供了一套异常处理的方法,可供读者学习借鉴。

还是以上述文件操作过程为例,用C++ 编写的代码如例5 – 9。

例5 – 9 具有 try-catch 功能的文件写入程序

```
BOOL Save( LPCTSTR lpszFileName)
{
    CFile file;
    if ( ! file. Open( strFileName,
            CFile::modeReadWrite | CFile::typeBinary))
        return FALSE;
    try {
        file. Write( schoolName, strlen( schoolName) ) ;
        file. Write( &student, sizeof( struct StudentType) ) ;
    }
    catch( CFileException * e)
    {
        file. Close( ) ;
        return FALSE;
    }
```

```
        file. Close( );
        return TRUE;
    }
```

这个代码中用了 try-catch 方法。在 C++ 语言中, try-catch-throw 机制是一种简捷的异常处理机制。以上述代码为例, 对象 file 的 Open( ) 和 Write( ) 函数的错误不是自行处理, 也不靠返回值交给调用者处理, 而是走另外一个通道, 把错误集中起来由软件的上层给出处理办法。在上例中对象 file 的 Open( ) 和 Write( ) 函数如果有错误发生, 将通过 throw 把错误传递到函数的调用者。与返回不同的是, 这些 throw 上来的错误可以集中处理, 也可以暂时不处理, 而由更高层来处理。如例 5 – 9 的函数 Save 中并没有对 Open( ) 和 Write( ) 的错误进行处理, 使用 try-catch 只是在发生错误 throw 时把文件关闭, 然后 throw 会继续向上级调用者传递, 直到它的某个高层来处理。尽管 Save 函数发现错误不进行处理, 但它必须告诉调用者这里发生了错误, 这个告诉的方法就是返回一个 BOOL 值 FALSE。上层调用者会采用这样的处理方式:

```
try {
    Save("D:\\MyTest\\data. rec");
}
catch(CFileException *  e)
{
    e -> Delete( );
    AfxMessageBox("文件保存错误!");
}
```

此处 e -> Delete( ) 是不让该错误继续向上层传递, 可以认为此处是最终处理结果。

也许用户对这样的仅仅报告一个文件保存错误并不满意, 他们需要知道是路径错误还是磁盘已满, 或者其他什么错误。这时, 可以在 Delete 之前获取 e -> m_cause, 根据其中报告的错误情况做出处理。

MFC 提供一系列异常处理的类, 都是 CException 的派生类。这些类列举如表 5 – 1。

表 5 – 1 异常处理类

异常处理类	含　义
CMemoryException	内存异常
CFileException	文件异常
CArchiveException	存档/序列化异常
CNotSupportedException	响应对不支持服务的请求
CResourceException	资源分配异常
CDaoException	数据库异常(DAO)

续表

异常处理类	含　义
CDBException	数据库异常（ODBC）
COleException	OLE 异常
COleDispatchException	调度（自动化）异常
CUserException	程序员自己定义的异常

多种 catch 也可以并列如：

```
catch( CFileException * e)
{
    e -> Delete( );
    //...
}
catch( CMemoryException * e)
{
    e -> Delete( );
    //...
}
catch( ... )
{
    e -> Delete( );
    //...
}
```

程序中也可以产生异常,例如在读文件时发现偏移超过了文件长度,可以用以下函数实现：

AfxThrowFileException(CFileException∷accessDenied);

在使用异常处理时必须注意,如果你编得函数需要供别人调用,必须在该函数声明中写明可能有哪些异常会被 throw。如果一个 throw 没有被处理,就如同 exit0 函数一样造成程序的突然中断,其后果是很严重的。

异常处理机制有时会被利用来代替以前的 goto 语句,如例 5 – 10。

5.5.2　自己设计的异常处理

异常处理不仅可以利用 MFC 给定的几种类型,还可以自己定义新的异常处理类。下面提供一个笔者自行设计的从 CFileException 中派生的异常处理类 CImgFileException（见例 11 – 12）,供读者参考。

这个异常处理类是在原有的文件异常类的基础上作的扩展,专为图像文件所用,其中有版本错误、调色板错误、解码错误、压缩类型错误等。可为用户提供更为细致的错误提示。

例 5 - 10 具有 goto 语句功能的 Exception

```
BOOL CDib::Read(CFile * pFile)
{
    ......
    int nCount, nSize;
    BITMAPFILEHEADER bmfh;
    try {
            nCount = pFile -> Read((LPVOID) &bmfh,
                sizeof(BITMAPFILEHEADER));
            if(nCount ! = sizeof(BITMAPFILEHEADER)) {
                throw new CUserException;
            }
            if(bmfh.bfType ! = 0x4d42) {
                throw new CUserException;
            }
            ......
    }
    catch(CException * pe) {
        AfxMessageBox("Read error");
        pe -> Delete();
        return FALSE;
    }
    return TRUE;
}
```

相当于 goto 语句

例 5 - 11 ImgFileException.h 文件

```
class CImgFileException : public CFileException
{
    DECLARE_DYNAMIC(CImgFileException)
public:
    enum {
            invalidType,      // invalid code as the file's id.
            versionDenied,    // the version is not supported.
            errorData,        // error data in reading data.
            errorPalette,     // error in implement palette.
```

```
            errorDecode,        // error occur in decoding.
            typeDenied,          // some type no supported.
            bitsDenied,          // bitcount is not supported.
            compressionDenied, // compression is not supported.
            unknownType,        // unkown file type.
    };

public:
    CImgFileException(int cause, LPCTSTR pstrFileName = NULL);
    virtual ~CImgFileException();
    BOOL GetErrorMessage(LPTSTR lpszError, UINT nMaxError,
            PUINT pnHelpContext);
};
inline CImgFileException::CImgFileException(int cause,
        LPCTSTR pstrFileName /* = NULL */)
            : CFileException(cause,_doserrno,pstrFileName)
    { }
inline CImgFileException:: ~ CImgFileException()
    { }


void AFXAPI AfxThrowImgFileException(int cause,
            LPCTSTR lpszFileName = NULL );

void AFXAPI AfxThrowImgFileException(int cause,
            LPCTSTR lpszFileName = NULL );
```

例 5 – 12   ImgFileException. cpp 文件

```cpp
#include "stdafx. h"
#include "ImgFileException. h"


#ifdef _DEBUG
static const LPCSTR rgszCFileExceptionExCause[ ] =
{
    "Unknown File Type",
    "Invalid File ID",
    "Data Error in Reading",
```

```
        "Error in Palette Data",
        "Error in Decode",
        "Bits Is Not Support",
        "Compression Is Not Support",
};
static const char szUnknown[] = "unknown";
#endif


#define _countof(array) (sizeof(array)/sizeof(array[0]))


BOOL CImgFileException::GetErrorMessage(LPTSTR lpszError,
                UINT nMaxError,      PUINT pnHelpContext)
{
    ASSERT(lpszError ! = NULL
        && AfxIsValidString(lpszError, nMaxError));
    if (pnHelpContext ! = NULL)
        * pnHelpContext = m_cause + AFX_IDP_FILE_NONE;
    CString strMessage;
    CString strFileName = m_strFileName;
    if (strFileName.IsEmpty())
        strFileName.LoadString(AFX_IDS_UNNAMED_FILE);
    AfxFormatString1(strMessage,
            m_cause + AFX_IDP_FILE_NONE, strFileName);
    lstrcpyn(lpszError, strMessage, nMaxError);
    return TRUE;
}


void PASCAL AfxThrowImgFileException(int cause,
                LPCTSTR lpszFileName /* = NULL */)
{
#ifdef _DEBUG
    LPCSTR lpsz;
    if (cause > = 0 && cause < _countof(rgszCFileExceptionExCause))
        lpsz = rgszCFileExceptionExCause[cause];
    else
        lpsz = szUnknown;
    TRACE2("CFile exception: % hs, File % s. \n",
```

```
        lpsz, (lpszFileName == NULL)? _T("Unknown"): lpszFileName);
#endif
    THROW(new CImgFileException(cause, lpszFileName));
}


IMPLEMENT_DYNAMIC(CImgFileException, CFileException)
```

以上是笔者设计的异常处理类,在使用中与其他异常处理类没有什么区别。读者也可以尝试编写其他有关异常处理的类,使自己设计的软件返回的错误提示更加细致,更加人性化,以方便用户使用。

思考题

5-1 为什么需要动态链接库? 它在工程管理上起什么作用?

5-2 在动态库中的所有类、全局函数、全局变量都能被主模块调用吗?

5-3 在主模块中调用动态库中有关内容共有几种方法?

5-4 消息的发送与函数的调用有什么区别?

5-5 简述自定义消息的几种方法,并比较其优缺点。

5-6 串行化与文件存取有什么关系?

5-7 是不是任何软件都需要串行化?

5-8 "另存为 SaveAs"和"打开 Open"两个菜单命令为什么要在不同的类中响应?

5-9 注册表在软件设计中起到什么作用?

5-10 异常处理既然是冗余代码,如果不写会对程序造成什么影响?

习 题

5-1 在第4章习题4-3中曾要求建立 CShape、CLine、CRectangle、CEllipse 等类,现在要求建一个动态库,如 Shape. DLL,将这些类放到这个动态库中,并在主模块中能访问这些类。

5-2 在第4章习题4-1中曾要求在 VIEW 中实现简单绘图功能,现要求在菜单中增加一个菜单项 SendMsg,并在 MainFrame 中设置响应函数,这个函数用 PostMessage( )向 VIEW 中发送消息调用某个绘图功能。

5-3 在第4章习题4-1的基础上编写串行化到文件的代码,要求保存当前绘图的类型,能在读取文件后画出这个被保存的类型。

5-4 试将上题中串行化的方法改成写注册表的方式。

5-5 实现本章中给出的自己设计异常处理的方法,并编写适当程序进行测试。

第三部分

软件开发实例

第**6**章

图像法绘图

从本章开始,将用 MFC AppWizard 设计一个具体的绘图应用程序 MyPaint(图像法)和 MyDraw(矢量法),以此为例具体展示一个基本的图形绘制软件系统,让读者能从中体会到一般应用软件的开发过程。

所谓图形绘制系统,其目的就是要实现直线、椭圆、矩形等图元的绘制。我们在 MSPAINT(画笔)和 WORD 中都可以绘制图形,但两者绘制的方法是不同的。MSPAINT 中图形绘制后是不可更改的,只能用撤销或橡皮工具去擦除;而 WORD 中的图形是可以修改、移动、删除、编组,等等。这代表着不同的绘图方法,前者我们称为图像法绘图,后者称为矢量法绘图。本章我们首先关注图像法绘图的设计方法。

6.1 CDC 类与绘图

6.1.1 绘图类

任何时候当程序需要直接在屏幕或打印机上绘图的时候,都需要调用图形设备接口(GDI)函数,GDI 函数包含了一些用于绘制图形、位图以及文本的函数。而 Windows 的设备环境 DC 是 GDI 的关键元素,它代表了物理设备。每一个 C++ 设备环境对象都有与之对应的 Windows 设备环境,并且通过一个 32 位类型的 HDC 句柄来标识。

在 Windows 应用程序中,设备环境与图形对象共同工作,协同完成绘图显示工作,就像画家绘画一样,设备环境(DC)好比是画家的画布,图形对象好比是画家的画笔,用画笔在画布上绘画,不同的画笔将画出不同的画来,选择合适的图形对象和绘图对象,才能按照要求完成绘图任务。MFC 基础类库定义了设备环境对象类,即 CDC 类。

CDC 类包含了绘图所需要的所有成员函数,并且几乎所有派生类只有构造函数和析构函数不同(CMetaFileDC 类除外)。CDC 提供成员函数进行设备环境的基本操作,使用绘图工具,选择类型安全的图形设备接口(GDI)以及色彩、调色板等。除此之外,CDC 还提供成员函数获取和设置绘图属性、映射、控制视口、窗体范围、转换坐标、区域操作、裁减、划线以及绘制简单图形(椭圆、多边形等)。成员函数也提供绘制文本、设置字体、打印机换码、滚动、处理元文件。可以说,通过 CDC 的成员函数可进行一切绘图操作。

CDC 及其派生类的继承视图如图 6-1。注意:除 CMetaFileDC 以外的三个派生类用于图形绘制。

对于显示设备来说,常用的派生类有 CClientDC 和 CWindowDC,而对其他设备(如打印机或内存缓冲区),则可以构造一个基类 CDC 的对象。CClientDC 代表操作窗口的 DC,是比较常用的一个子类。CPaintDC 代表响应 WM_PAINT 消息的 DC,而 CWindowsDC 代表整个屏幕的 DC。

　　对于显示设备和打印机设备环境对象来说,应用程序框架会直接将句柄附在对象上;而对其他设备环境(如内存设备环境),为了将对象与句柄相联系,在构造完对象之后,还必须调用一个成员函数(进行初试化)。

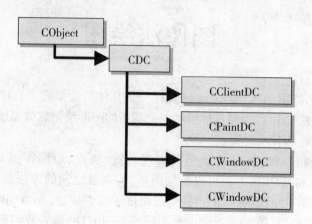

图 6-1　有关图形输出设备 CDC 及其派生类

6.1.2　绘图设备类

　　CGdiObject 类为各种 Windows 图形设备接口(GDI)对象,如位图、区域、画刷、画笔、调色板、字体等提供了一些基本类。我们不会直接构造一个 CGdiObject 对象,而是使用某一个派生类如 CPen 或 CBrush 创建。

　　CGdiObject 是所有 GDI 对象类的虚拟基类,所以我们不必创建 CGdiObject 类的对象,可以直接构造它的派生类的对象。

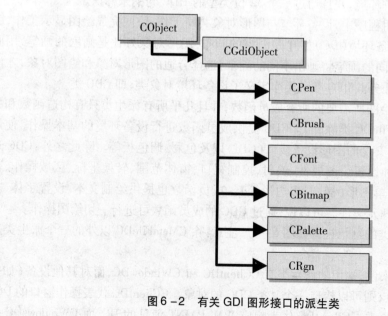

图 6-2　有关 GDI 图形接口的派生类

如图 6 - 2 所示, GDI 有 6 个派生类, 现将各个派生类介绍如下:

CPen: 画笔。主要有笔宽、笔色、画笔类型等。画笔不仅用于画线的设置, 也是 CRectangle、CEllipse 等图形的边界的设置;

CBrush: 画刷。主要有画刷颜色、填充风格等。画刷是用于封闭图形, 如 CRectangle、CEllipse 等图形内部的填充;

CFont: 字符: 设置字符的字体、大小、颜色、风格、位置、宽度比例等。用于字符的常规显示;

CBitmap: 位图。无论图像文件是什么格式, MFC 图像在内存的格式是 Bitmap。所有其他格式都要转换成这种格式, 才能通过 CDC 进行显示;

CPalette: 调色板。对于伪彩色图像(像素位 8 位或更少), 需要配置颜色索引与 *RGB* 的对应表。

CRgn: 不规则窗口。用来确定一个多边形、椭圆或者由多边形及椭圆合成的图形的范围。

有关 GDI 各对象的用法将在下面的程序中介绍。

6.1.3　用 CDC 绘制简单图形

1. 几种不同设备环境

MFC 的 CDC 类封装了设备环境对象, CDC 的成员变量 m_hDC 指向它的设备环境。CDC 类可以创建的设备环境类型有: 屏幕、打印机和位图。

(1) 屏幕

值得注意的是, 整个屏幕的 DC 只有一个, 是属于操作系统管理的, 而不是属于应用程序的。每个应用程序只能获取 DC 的部分控制权, 用完后立即释放控制权。

通过下面的语句, 可以获得一个屏幕设备环境 DC。

CDC ＊pDC = GetDC( );　　　　　　　//返回窗口客户区的设备环境

CDC ＊pDC = GetWindowDC( );　　　　//包括客户区和非客户区的设备环境

CDC ＊pDC = CDC:;FromHandle(:;GetDC(NULL));　//整个屏幕的设备环境

注意:在使用完 DC 对象之后一定要用 ReleaseDC(pDC)释放。每次释放 DC 之后, 为设备环境设置的值都会丢失, 可以使用下面两个函数来保存和恢复设置的环境值。

SaveDC( );　　　　// 保存设备的当前状态

RestoreDC( );　　　　// 将 DC 恢复到 SaveDC( )保存的状态

(2) 打印机设备

要为打印机创建一个设备环境, 必须先创建一个 CDC 类对象, 然后使用它的 CreateDC( )成员函数, 代码如下:

CDC pDC;

pDC -> CreateDC(LPCTSTR lpszDriverName, LPCTSTR lpszDeviceName,
　　　　　LPCTSTR lpszOutput, const void ＊ lpInitData);

其中:lpszDriverName 指向空终止字符串的指针, 字符串为设备驱动程序的文件名(不带扩展名, 例如:"EPSON")。也可以为该参数传递 CString 对象。

lpszDeviceName　指向空终止字符串的指针, 字符串为支持特定设备的文件名(例如:

"EPSON FX10")。如果模块支持不只一个设备,使用 lpszDeviceName 参数,也可以为该参数传递 CString 对象。

　　lpszOutput　指向空终止字符串的指针,字符串为指定了物理输出媒介的文件和设备名(文件或输出端口)。也可以为该参数传递 CString 对象。

　　lpInitData 指向 DEVMODE 结构的指针,该结构包含有指定设备驱动程序的初始数据,Windows 的 DocumentProperties 函数从该结构中获得指定设备的信息。如果设备驱动程序使用用户在控制面板设定的缺省值,lpInitData 参数一定要设置为 NULL。如果使用 DEVMODE 结构,就需要 PRINT. H 头文件。

　　(3)位图的设备环境

　　上面的 DC 是由操作系统统一管理的。在程序绘制位图时希望由应用程序来管理要在屏幕显示的位图,例如要修改、保存所显示的位图。这时需要用到位图设备环境。

　　位图设备环境必须和当前显示设备兼容,使用成员函数 CreateCompatibleDC(HDC hdc)可以创建兼容的 DC 用于绘制位图。当然,要绘制位图,还必须创建一个空的位图对象。代码如下:

```
CDC pDC;
pDC -> CreateCompatibleDC(pDC);
CBitmap bitmap;
bitmap. CreateCompatileBitmap(pCD,16,16);
pDC -> SelectObject(&bitmap);
……
pDC -> DeleteDC();
```

2. 画点与画线

画点和画线是绘图系统中常用的方法,特介绍如下:

(1)画点

CDC 类中画点的函数 SetPixel()用指定的颜色画一个像素,返回绘制时使用的实际颜色。

SetPixelV()与上面的基本相同,但不用返回绘制时使用的实际颜色,因而速度更快。

GetPixel()取得点处的 RGB 颜色,定义如下:

COLORREF　GetPixel(int　x,int　y)　const;

COLORREF　GetPixel(POINT　point)　const;

　　　　　　　// 如果不能在剪切区指定点的坐标,则返回 −1。

COLORREF　SetPixel(int　x ,int　y,COLORREF　crColor);

COLORREF　SetPiel(POINT　point,COLORREF　crColor);

　　　　　　　// 点必须在剪切区内,否则函数什么也不做。

(2)画线

MoveTo():开始画线、弧和多边形时,把光标移动到一个初始位置;

LineTo():画一条从初始位置到另一个点的直线;

Arc():画一段弧;

ArcTo():画一段弧,并更新初始位置;

AngleArc( ):画一条线,然后画一段弧,并更新初始位置;

PolyDraw( ):画一系列线段和 Bezier 样条;

PolyLine( ):画一系列线段;

PolyPolyLine( ):画多个系列线条;

画线属性是通过画笔的属性来控制。HPEN 句柄指向一个 Pen 对象。在 MFC 中创建一个 Pen 对象,必须先创建一个 CPen 类对象。

(3)实例

首先,使用 MFC AppWizard 新建一个基于单文档的工程 MyPaint,然后使用菜单【View | ClassWizard】为类 CMyPaintView 添加鼠标右键按下 WM_RBUTTONDOWN 消息的响应函数 OnRButtonDown(…)。

在消息响应函数中添加代码如下:

```cpp
void CMyPaintView::OnRButtonDown( UINT nFlags, CPoint point)
{
    // TODO:Add your message handler code here and/or call default
    CDC  *pDC = GetDC( );
    CPen  *pOldPen,pen1,pen2,pen3;
    pen1.CreatePen( PS_SOLID,2,RGB(255,0,0) );//画笔1   红色

    LOGPEN logpen;
    logpen.lopnStyle  = PS_DASH;
    logpen.lopnWidth.x     = 1;
    logpen.lopnWidth.y     = 1;
    logpen.lopnColor  = RGB(0,0,255);
    pen2.CreatePenIndirect( &logpen);//画笔2

    pen3.CreatePen( PS_USERSTYLE| PS_ENDCAP_FLAT, 3,
                RGB(100,120,120) );//画笔3

    pOldPen = ( CPen * )pDC -> SelectObject( &pen1);
    pDC -> MoveTo( 100,100);
    pDC -> LineTo( 200,200);  //画线

    pDC -> SelectObject( &pen2);
    pDC -> Arc( &CRect(200,200,400,400),CPoint(200,200),
                CPoint(200,400) );  //画圆弧

    pDC  -> SelectObject( &pen3);
    POINT pt[5]  = {{10,10},{30,15},{50,40},{60,70},{10,10} };
    BYTE style[5]  = {{ PT_MOVETO},{PT_LINETO},{PT_LINETO},
```

{PT_LINETO}, {PT_LINETO} };

pDC -> PolyDraw(pt, style, 5); //画线段

pDC -> SelectObject(pOldPen);

ReleaseDC(pDC);

CView::OnRButtonDown(nFlags, point);

}

编译运行程序,点击鼠标右键,结果如图6-3所示。

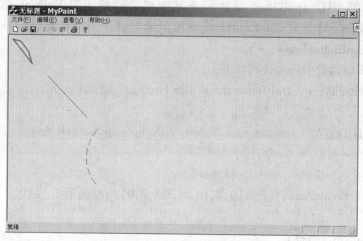

图6-3　画线实例演示效果图

3.矩形的绘制

矩形不仅有线的属性,还有填充颜色。

FillRect():填充一个矩形;

FillSolidRect():用一单色填充一个矩形;

InvertRect():反转一个矩形的颜色;

ExtFloodFill():用当前画刷填充一个区域,提供比FloodFill()成员函数更多的灵活性;

FrameRect():画一个矩形的边框;

填充属性时使用的是画笔,Brush对象控制怎样填充形状。设备环境用一个HBRUSH句柄指向一个画刷对象。在MFC中Brush对象即CBrush类的对象。

GetBrushOrg():获取当前画刷的起点;

SetBrushOrg():指定选入设备上下文的下一个画刷的起点;

实例:

在MyPaint工程中,使用ClassWizard为类CMyPaintView类添加鼠标右键双击消息WM_RBUTTONDBLCLK的响应函数OnRButtonDblClk(…),代码如下:

void CMyPaintView::OnRButtonDblClk(UINT nFlags, CPoint point)

{

// TODO:Add your message handler code here and/or call default

CBrush * pOldBrush, brush1, brush2, brush3;

```
brush1. CreateSolidBrush( RGB( 0 ,100 ,0 ) ) ;
brush2. CreateHatchBrush( HS_CROSS ,RGB( 200 ,0 ,200 ) ) ;
LOGBRUSH logbrush ;
logbrush. lbStyle = BS_HOLLOW ;
brush3. CreateBrushIndirect( &logbrush ) ;

CDC * pDC = GetDC( ) ;
pDC -> FillRect( &CRect( 0 ,0 ,100 ,100 ) ,&brush1 ) ;
pDC -> FillSolidRect( &CRect( 100 ,100 ,200 ,200 ) ,RGB( 20 ,20 ,120 ) ) ;
pDC -> InvertRect( &CRect( 100 ,100 ,200 ,200 ) ) ;

pOldBrush = ( CBrush * ) pDC -> SelectObject( &brush1 ) ;
pDC -> Rectangle( &CRect( 200 ,200 ,250 ,250 ) ) ;
pDC -> SelectObject( &brush2 ) ;
pDC -> Rectangle( &CRect( 250 ,250 ,300 ,300 ) ) ;
pDC -> DrawEdge( &CRect( 300 ,300 ,350 ,350 ) ,
    EDGE_ETCHED | BDR_SUNKENOUTER | BDR_RAISEDINNER , BF_RECT ) ;
pDC -> Draw3dRect( &CRect( 350 ,350 ,400 ,400 ) ,RGB( 20 ,20 ,20 ) ,
    RGB( 200 ,200 ,200 ) ) ;
pDC -> SelectObject( &brush3 ) ;
pDC -> DrawFocusRect( &CRect( 400 ,400 ,450 ,450 ) ) ;

pDC -> DrawFrameControl( &CRect( 400 ,0 ,500 ,100 ) , DFC_BUTTON ,
        DFCS_ADJUSTRECT | DFCS_BUTTON3STATE | DFCS_MONO ) ;
pDC -> SelectObject( pOldBrush ) ;
ReleaseDC( pDC ) ;
CView::OnRButtonDblClk( nFlags , point ) ;
}
```

编译运行程序,双击鼠标右键,结果如图6-4所示。

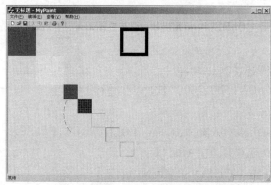

图6-4 绘制形状实例演示效果图

4. 文本显示

文本显示方式也是 CDC 图形显示方式的一种。

TextOut():在一个指定的位置,输出一个字符串;

ExtTextOut():在一个矩形区域里输出一个字符串;

DrawText():在指定的矩形域里绘制文本,但比 TextOut()有更多的选项,如果把文本居中和显示多行文本;

TabbedTextOut():在基于用该函数传输的一个表,在指定位置输出一个字符串,并将字符串中的任何制表符转换为空格。

我们可以使用文本属性来控制绘制文本。主要有三种类型的文本属性,分别为:颜色、对齐方式和字体。

文本的颜色可以使用下面两个函数来设置:

SetTextColor():设定前景色(即文本色);

SetBkColor():设置输出文本处的背景色。

文本的对其方式决定文本怎样排列(如:左对齐、右对齐、中央对齐)。确切地说,TextOut()函数中的 x、y 变量可以表示文本的左边、右边或者底部。使用默认的对齐方式,x、y 代表文本的左上角,但还有其他一些方式。要改变设备环境的文本对齐属性,可以用 SetTextAlign()函数和下面的标志值之一:

TA_LEFT:TextOut()中的 x 变量表示文本的左边坐标。TA _LEFT 是默认设置值。

TA_TOP:TextOut()中的 y 变量表示文本的顶部。TA_TOP 是默认设置值。

TA_RIGHT:TextOut()中的 x 变量表示文本的右边。计算文本的边界矩形,用以决定从哪儿开始绘制文本。

TA_CENTER:TextOut()中的 x 变量表示文本的中部。

TA_BASELINE:TextOut()中的 y 变量表示文本的基线。

TA_BOTTOM:TextOut()中的 y 变量指示文本的底部。

文本的字体包括字体类型、大小和文本外观的其他方面。

字体属性包括在 Font 对象中,设备环境用 HFONT 句柄指向该对象,在 MFC 中对应 CFont 类。

实例:

在 MyPaint 工程中,修改右键双击消息响应函数,代码如下:

```
void CMyPaintView::OnRButtonDblClk(UINT nFlags, CPoint point)
{
    …… //省略以上代码
    pDC -> TextOut(500,200,"软件设计教程1");
    CFont MyFont;
    MyFont.CreateFont(48,0,0,0,FW_BOLD,TRUE,FALSE,
            0,0,0,0,0,0,"Arial");
    pDC -> SetBkMode(TRANSPARENT);
    CFont * pOldFont = pDC -> SelectObject(&MyFont);
```

```
SetTextAlign( pDC -> m_hDC,TA_CENTER) ;
pDC -> TextOut(500,240," 软件设计教程 2" ) ;
pDC -> SelectObject( pOldFont) ;
SetTextAlign( pDC -> m_hDC,TA_RIGHT) ;
pDC -> TextOut(500,300," 软件设计教程 3" ) ;
ReleaseDC( pDC) ;
CView::OnRButtonDblClk( nFlags, point) ;
}
```

编译运行程序,单击鼠标右键,结果如图 6 - 5 所示。

图 6 - 5　绘制文本实例演示效果图

5.绘制位图和图标

DrawIcon:在指定的位置画一个图标;

BitBlt:在从指定的设备环境中拷贝一个位图,通常是从磁盘中装入或在内存中创建;

StretchBlt:与 BitBlt( )基本相同,但它试图伸展或压缩一个位图以适应目标;

PlgBlt:从源设备上下文的指定矩形到给定设备上下文中指定平行多边形,执行颜色数据位的位块传递;

FloodFill:用当前画刷填充区域;

ExtFloodFill:用当前画刷填充区域。比 FloodFill 成员函数提供更多灵活性;

PatBlt:创建位特征;

MaskBlt:使用给定屏蔽和光栅操作对源和目标位图合并颜色数据。

实例:

在 MyPaint 工程中,添加菜单资源【练习 | 绘制位图和图标】,修改其 ID 为 ID_MENU _BITMAP_ICON,如图 6 - 6 所示。

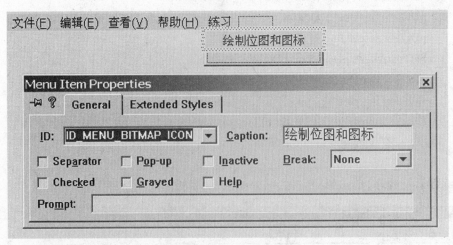

图6-6　添加菜单

使用 ClassWizard 为菜单 ID_MENU_BITMAP_ICON 添加 COMMAND 消息响应函数
OnMenuBitmapIcon(...),如图 6-7 所示。(除了可以从菜单【View | ClassWizard】打开
对话框,也可以右键点击菜单资源本身,选择 ClassWizard 项)为消息响应函数添加如下
代码:

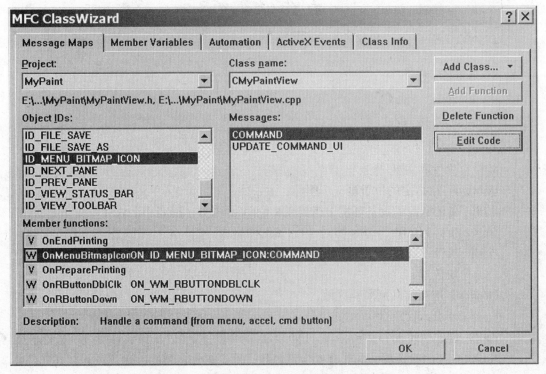

图6-7　使用 ClassWizard 添加菜单消息响应

```
void CMyPaintView::OnMenuBitmapIcon()
{
    //   TODO:Add your command handler code here
    CDC  * pDC  =  GetDC();
    HICON hIcon  =  AfxGetApp() -> LoadStandardIcon(
    MAKEINTRESOURCE(IDI_QUESTION));  //载入图标资源
    pDC -> DrawIcon(50,100,hIcon);  //在(50,100)点绘制图标

    CDC  * pMemDC  =  new CDC;
    pMemDC -> CreateCompatibleDC(pDC);
    CBitmap bmpLogo;
    bmpLogo. CreateCompatibleBitmap(pDC,20,20);
    pMemDC -> SelectObject(&bmpLogo);
    pDC -> BitBlt(50,200,20,20,pMemDC,0,0,SRCCOPY);
    delete pMemDC;
    ReleaseDC(pDC);
}
```

编译运行程序,点击菜单【练习|绘制位图和图标】,结果如图6-8所示。

图6-8 绘制位图和图标实例演示效果

6.2 简单的图像法绘图

从本节开始,将具体组织开发一个图像法图形绘制系统。在前一节,用 MFC App-

Wizard 产生了一个应用程序 MyPaint,本节在这个应用程序基础上,来组织图像法图形绘制系统的开发工作。

绘制系统实现基本图形的绘制、线框和颜色的选择等。

6.2.1 加入一个绘图菜单

为了能够在应用程序 MyPaint 中实现交互绘制图形元素的功能,需要首先在应用程序 MyPaint 中添加一个菜单来激发进行各类图形元素的绘制操作。

1. 添加数据成员

在添加菜单之前,为 CMyPaintView 类添加数据成员 enum PAINTTYPE m_emPaintType,枚举所有绘制类型及记录当前绘制类型,代码如下:

```
class CMyPaintView : public CView
{
protected: // create from serialization only
    CMyPaintView();
    DECLARE_DYNCREATE(CMyPaintView)
// Attributes
public:
    CMyPaintDoc * GetDocument();
// Operations
public:
        enum PAINTTYPE
        {    LINE = 0,
             CIRCLE,
             RECT,
             ARC,
        } m_emPaintType; // 枚举所有的绘制类型
// Overrides
……//省略以下代码
};
```

并在 View 的构造函数中添加代码,对绘制类型初始化。

```
CMyPaintView::CMyPaintView()
{
    //  TODO:add construction code here
    m_emPaintType = LINE;//初始设为画直线
}
```

2. 添加菜单资源

如图 6-9 所示,添加系统所需的 Menu 菜单。在绘图菜单下有四个子菜单,分别是画直线、画圆、画矩形、画圆弧,并将子菜单 ID 修改为:ID_MENU_LINE、ID_MENU_CIRCLE、ID_MENU_RECT、ID_MENU_ARC。

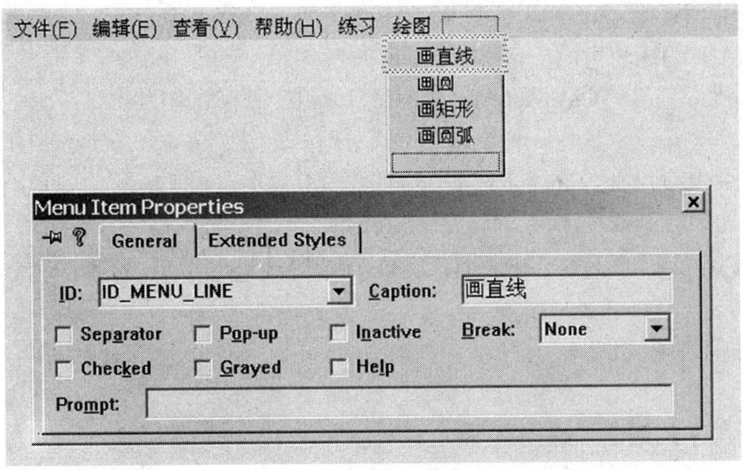

图6-9 添加菜单

3. 增加菜单的消息响应函数

添加菜单后,利用 ClassWizard 为所添加的菜单项在视图类 CMyPaintView 中建立消息响应函数。以下是画直线、画圆、画矩形和画圆弧四个菜单项的 COMMAND 消息响应函数,并添加如下代码。

```
void CMyPaintView::OnMenuLine()
{
    //  TODO:Add your command handler code here
    m_emPaintType = LINE;
}

void CMyPaintView::OnMenuCircle()
{
    //  TODO:Add your command handler code here
    m_emPaintType = CIRCLE;
}

void CMyPaintView::OnMenuRect()
{
    //  TODO:Add your command handler code here
    m_emPaintType = RECT;
}

void CMyPaintView::OnMenuArc()
{
    //  TODO:Add your command handler code here
    m_emPaintType = ARC;
}
```

同样,利用 ClassWizard 再为视图类 CMyPaintView 添加画直线等四个菜单项的 UP-DATE_COMMAND_UI 消息响应函数,并添加如下代码:

```
void CMyPaintView::OnUpdateMenuLine(CCmdUI * pCmdUI)
{
    //   TODO:Add your command update UI handler code here
    pCmdUI -> SetCheck(m_emPaintType == LINE);
    //当菜单项"画直线"被选中(Check)后,则在该菜单项前画打勾。
}
……//其他实现类似
```

6.2.2 简单的图像法绘图实现

从用户操作角度来看,绘图操作的基本过程是:先选择绘图类型,然后用鼠标交互来绘图,即鼠标左键按下开始画,鼠标抬起时绘制结束。为此,我们需要添加鼠标左键按下 WM_LBUTTONDOWN 和抬起 WM_LBUTTONUP 的消息响应函数。在 WM_LBUTTONDOWN 的响应中开始绘制并获得起点,在 WM_LBUTTONUP 的响应中绘制结束,获得终点并把图形绘制出来即可。下面将实现过程一一呈现。

1.在 View 类添加成员记录起点和终点

CPoint m_ptStart,m_ptEnd;//记录绘图时鼠标的起点和终点

2.添加左键按下消息响应

使用 ClassWizard 为类 View 添加 WM_LBUTTONDOWN 消息响应,添加代码如下:

```
void CMyPaintView::OnLButtonDown(UINT nFlags, CPoint point)
{
    //   TODO:Add your message handler code here and/or call default
    m_ptStart = point;
    m_ptEnd = point;
    CView::OnLButtonDown(nFlags, point);
}
```

3.添加左键抬起消息响应

使用 ClassWizard 为类 View 添加 WM_LBUTTONUP 消息响应,添加代码如下:

```
void CMyPaintView::OnLButtonUp(UINT nFlags, CPoint point)
{
    //  TODO: Add your message handler code here and/or call default
    m_ptEnd = point;
    CDC * pDC = GetDC();
    switch(m_emPaintType)
    {
    case LINE:
        pDC -> MoveTo(m_ptStart);
        pDC -> LineTo(m_ptEnd);
```

```
                break;
        case CIRCLE：

pDC -> Ellipse(m_ptStart. x,m_ptStart. y,m_ptEnd. x,m_ptEnd. y)；
                break；
        case RECT：

pDC -> Rectangle(m_ptStart. x,m_ptStart. y,m_ptEnd. x,m_ptEnd. y)；
                break；
        case ARC：
                //自行添加画圆弧处理函数
                break；
        default：
                break；
        }
        ReleaseDC(pDC)；
        CView::OnLButtonUp(nFlags, point)；
}
```

此时编译运行后运行,效果如图 6 - 10 所示。

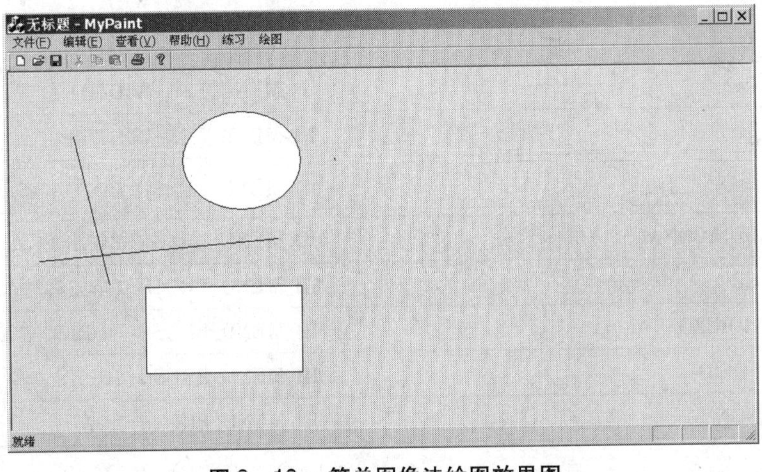

图 6 - 10   简单图像法绘图效果图

6.2.3   彩色绘图

为了绘制出各种类型彩色图元,我们可以通过选择画笔和画刷的颜色和类型来实现。

1. 加入画笔画刷菜单

如图 6 - 11 所示,为应用程序添加画笔和画刷的选择菜单。

菜单的 ID 和 Caption 见表 6 - 1。

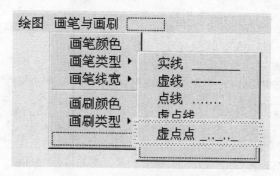

图6-11   图像法绘图二级菜单

表6-1   画笔画刷资源 ID

Caption		ID
画笔颜色		ID_MENU_PEN_COLOR
画笔类型	实线————————	ID_MENU_PEN_SOLID
	虚线————————	ID_MENU_PEN_DASH
	点线…………	ID_MENU_PEN_DOT
	虚点线—·—·—	ID_MENU_PEN_DASHDOT
	虚点点—··—··—	ID_MENU_PEN_DASHDOTDOT
画笔线宽	1x	ID_MENU_PEN_WIDTH1
	2x	ID_MENU_PEN_WIDTH2
	4x	ID_MENU_PEN_WIDTH4
	8x	ID_MENU_PEN_WIDTH8
画刷颜色		ID_MENU_BRUSH_COLOR
画刷类型	BDIAGONAL	ID_MENU_BRUSH_BDIAGONAL
	CROSS	ID_MENU_BRUSH_CROSS
	HORIZONTAL	ID_MENU_BRUSH_HORIZONTAL
	SOLID	ID_MENU_BRUSH_SOLID
	NONE	ID_MENU_BRUSH_NONE

2. 添加菜单的消息响应函数

添加菜单资源后,利用 ClassWizard 为所添加的菜单项在视图类 CMyPaintView 中建立消息响应函数。(注意:不要手工添加)

① 在视图类 CMyPaintView 头文件中,加入了消息响应函数的定义:

//{{AFX_MSG(CMyPaintView)

…… //省略部分代码

afx_msg void OnMenuPenColor( );   //选择画笔颜色

afx_msg void OnMenuPenDash( );   //选中菜单虚线

```
        afx_msg void OnMenuPenWidth1();//画笔线宽选为 1
        afx_msg void OnMenuBrushColor();//选择画刷颜色
        afx_msg void OnMenuBrushBdiagonal();
        afx_msg void OnUpdateMenuPenDash(CCmdUI * pCmdUI);
    //}}AFX_MSG
```

② 在实现文件中,添加了函数的消息映射机制:

```
BEGIN_MESSAGE_MAP(CMyPaintView, CView)
    //{{AFX_MSG_MAP(CMyPaintView)
    …… //省略以上代码
    ON_COMMAND(ID_MENU_PEN_COLOR, OnMenuPenColor)
    ON_COMMAND(ID_MENU_PEN_DASH, OnMenuPenDash)
    ON_COMMAND(ID_MENU_PEN_WIDTH1, OnMenuPenWidth1)
    ON_COMMAND(ID_MENU_BRUSH_COLOR, OnMenuBrushColor)
    ON_UPDATE_COMMAND_UI(ID_MENU_PEN_DASH, OnUpdateMenuPenDash)
    …… //省略部分代码
    //}}AFX_MSG_MAP
    …… //省略以下代码
END_MESSAGE_MAP()
```

③ 在实现文件 MyPaintView. cpp 中,添加了消息响应函数的实现代码,以下是经过修改后的函数实现代码列表:

```
void CMyPaintView::OnMenuPenColor()
{
    CColorDialog dlgColor;
    if(IDOK == dlgColor.DoModal())
    {
        m_crPenColor = dlgColor.GetColor();
    }
}
void CMyPaintView::OnMenuPenDash()
{
    m_nPenStyle = PS_DASH;//标识画笔类型选择虚线
}
……//其他画笔类型类似,省略;
void CMyPaintView::OnMenuPenWidth1()
{
    m_nPenWidth = 1;
}
……//其他画笔线宽类似,省略;
void CMyPaintView::OnMenuBrushColor()
```

```
    {
        CColorDialog dlgColor;
        if( IDOK == dlgColor. DoModal( ) )
        {
            m_crBrushColor = dlgColor. GetColor( );
        }
    }


void CMyPaintView::OnMenuBrushBdiagonal( )
{
        //    TODO:Add your command handler code here
        m_nBrushIndex = HS_BDIAGONAL;
}
```

……//其他画刷类型类似,省略;

```
void CMyPaintView::OnUpdateMenuPenDash( CCmdUI * pCmdUI)
{
        pCmdUI -> SetCheck( m_nPenStyle == PS_DASH);
            //如果画笔类型选择虚线,则在该菜单前画" √"
}
```

……//其他菜单更新消息响应类似,省略;

④ 为此,还需要给视图类 CMyPaintView 添加几个成员变量,记录画笔颜色、线宽、类型等属性,并且在构造函数中对它们进行初始化,代码列表如下:

定义成员变量:

```
        COLORREF m_crPenColor, m_crBrushColor;//画笔颜色,画刷颜色
        int m_nPenStyle, m_nPenWidth;//画笔类型,画笔宽度
        int m_nBrushIndex;//画刷类型
```

构造函数中的初始化:

```
        m_crPenColor = RGB(0,0,0) ; //初始画笔颜色为黑色
        m_nPenWidth = 1;//初始线宽为1
        m_nPenStyle = PS_SOLID;//初始画笔风格为实线
        m_crBrushColor = RGB(128,128,128);//初始画刷颜色为灰色
        m_nBrushIndex = 6;//初始画刷为实芯
```

⑤ 最后,修改鼠标左键抬起消息响应函数,即可以进行彩色绘图操作了。代码如下:

```
void CMyPaintView::OnLButtonUp( UINT nFlags, CPoint point)
{
        CDC * pDC = GetDC( );
        CPen NewPen; //画笔
        BOOL bSucPen = NewPen. CreatePen( m_nPenStyle, m_nPenWidth,
```

```
                    m_crPenColor);
CPen * pOldPen = pDC -> SelectObject(&NewPen);//选用新的画笔

CBrush  NewBrush; //画刷
CGdiObject * pOldBrush = NULL;
if(m_nBrushIndex == -1)
    pOldBrush = pDC -> SelectStockObject(HOLLOW_BRUSH); //中空
else
{
    BOOL bSuc = NewBrush. CreateHatchBrush(m_nBrushIndex,
            m_crBrushColor);
    pOldBrush = pDC -> SelectObject(&NewBrush); //选用新的画刷
}

m_ptEnd = point;
switch(m_emPaintType)
{
……//省略部分代码
}
pDC -> SelectObject(pOldPen);
pDC -> SelectObject(pOldBrush);
ReleaseDC(pDC);
CView::OnLButtonUp(nFlags, point);
}
```

编译运行程序,此时应用程序已经可以进行彩色图元的绘制了,效果如图 6 – 12 所示。

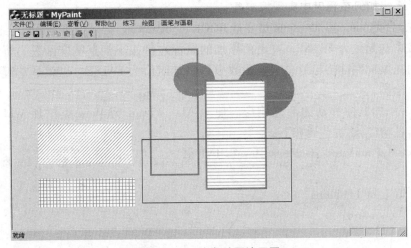

图 6 –12   彩色绘图演示图

6.3 图形绘制的橡皮条算法

6.3.1 "橡皮条"的基本原理

上一节应用程序实现了基本图元的绘制,但绘制过程无法看见。在用鼠标交互绘图时,为了直观地看到所绘制的图形,一般采取拖动图形的方法。这种情况一般是在一个图元只剩下最后一个控制点没有确定的情况下,以鼠标拖动点作为图元的最后一个控制点形成图元的具体形状,这样当鼠标移动时,图形也跟着变化,就产生了"拖动"的效果。例如,在绘制直线时,在确定了直线的起点后,鼠标移动时就拖动一条"橡皮"线移动。这种功能是一个鼠标交互绘图程序所必需的,即橡皮条算法。

要实现拖动图形的功能,首先要添加鼠标移动消息的响应,即在鼠标移动时进行绘图操作,一边移动一边绘图;其次要用 CDC 类的函数 SetROP2 设置绘制模式。在这里解释一下绘制模式。绘制模式指定了画笔和填充区域内部的彩色在绘制时与屏幕上已经存在的彩色的组合模式,它只适用于光栅扫描设备(如显示器),而不适用于矢量设备(如绘图机)。绘图模式是二进制的光栅扫描操作代码,代表了两个变量所有可能的布尔组合,这个组合通过 AND(与)、OR(或)、XOR(异或)、NOT(非)运算构成。绘制模式有很多,这里简单介绍常用的几种:

R2_COPYPEN 模式

用画笔颜色绘制图形,即直接将画笔的颜色绘制到屏幕上,屏幕底色不起作用。在屏幕上绘制图形时一般采用这种模式,是系统的默认模式。

R2_NOTXORPEN 模式

用画笔颜色与屏幕底色异或后的反色绘制图形。这种绘制模式的最大特点是两次绘制屏幕后,颜色保存不变。所以,我们可以利用这种模式通过对图形的两次绘制(第一次绘制将图形绘制在屏幕上,第二次绘制从屏幕上擦除绘制的图形),实现在屏幕上拖动图形效果。这就是我们说的橡皮条算法。

6.3.2 如何在程序中实现橡皮条

首先,为类 View 添加一个成员变量 BOOL m_bPainting;记录当前是否在绘制,并且在构造函数中初始化为 FALSE。在之前添加的鼠标左键按下消息响应函数中将其赋值为 TRUE,而在鼠标左键抬起消息响应函数中再将其赋值为 FALSE。也就是左键按下到抬起为一次绘图。

其次,添加鼠标移动的消息响应。使用 ClassWizard 为 View 类添加 WM_MOUSE-MOVE 消息响应,添加代码如下:

```
void CMyPaintView::OnMouseMove(UINT nFlags, CPoint point)
{
    if(! m_bPainting)
        return;

    CDC * pDC = GetDC();
```

```
    CPen NewPen; //画笔

    CBrush   NewBrush ; //画刷
    …… //省略画笔画刷的选取代码
    int oldROP = pDC -> SetROP2(R2_NOTXORPEN);
    //第一次绘制,擦除之前图形
    switch(m_emPaintType)
    {
    …… //根据类型绘制的图形。省略
    }
    m_ptEnd = point;//更新图元最后控制点
    //第二次绘制,重新绘制图元
    switch(m_emPaintType)
    {
    ……//根据类型绘制相应的图形。省略
    }
    pDC -> SetROP2(oldROP);//恢复旧的绘制模式
    …… //省略代码,恢复旧的画笔画刷
    ReleaseDC(pDC);
    CView::OnMouseMove(nFlags, point);
}
```

编译运行程序,绘图程序已经实现了橡皮条技术绘图。

6.4 OnDraw()与图像保持

到目前为止,绘图应用程序已经可以实现基本的图元绘制,包括画笔颜色与类型、画刷颜色与类型的使用以及实现了橡皮条算法。但是,我们发现如果在绘制过程中将应用程序窗口最小化,再次打开时之前绘制的图元就全部消失了。这是什么原因? 如何解决这个问题呢? 原来,客户区内的图形系统是不负责维护的,但系统会发一个消息给 View。这个消息的响应函数就是 View 中的 OnDraw()函数。所以,要解决这个问题的关键就是如何使用好这个 OnDraw()函数。

6.4.1 视图类的 OnDraw 函数

在应用程序 MyPaint 源代码中,在视图类 CMyPaintView 中可以找到一个虚函数 OnDraw,这个函数负责视图的绘制工作。读者可能不清楚 OnDraw 函数从何处被调用,下面我们对 OnDraw 函数的调用和工作过程进行分析。

OnDraw 函数是被 CView 类的消息处理函数 OnPaint 调用的。从基类库 MFC 中可以找到 OnPaint 函数的实现代码:

```
void CView::OnPaint()
```

```
    {
        // standard paint routine
        CPaintDC dc(this);
        OnPrepareDC(&dc);
        OnDraw(&dc);
    }
```

OnPaint 函数是窗口消息 WM_PAINT 的消息响应函数,WM_PAINT 消息是当窗口的完整性受到破坏时发出的一个窗口消息,如窗口最小化、最大化或者窗口被遮挡时。也就是说,当窗口中产生 WM_PAINT 消息时,视图类 CMyPaintView 基类 CView 中的 On-Paint 函数被执行(因为当前视图类中没有定义 OnPaint 消息响应函数)。在 OnPaint 函数中,调用了 OnDraw 函数,因为 OnDraw 函数是在 CView 类中定义的虚函数,所以根据多态性调用了当前视图类 CMyPaintView 中重载的虚函数 OnDraw 来完成视图的绘制工作。

6.4.2　图像保持

在上一节讨论了 OnDraw 函数被调用的过程。在 OnDraw 函数中加入适当的代码,就能够实现图像的保持。基本原理是:建立一个离屏的内存设备环境 memDC,在绘制图元的同时也将其绘制在虚拟设备环境上。当界面需要重绘即调用 OnDraw 函数时,再将虚拟设备环境 memDC 绘制出来,这样就可以实现图像保持功能。

① 为视图类 CMyPaintView 添加成员离屏内存设备环境 m_pMemDC,并对其进行初始设置。先在头文件 MyPaintView. h 中加入几个变量声明。在构造函数中为其开辟内存,并在析构函数将其释放。

```
CDC * m_pMemDC;//离屏的内存设备环境
int m_nScreenW, m_nScreenH;//屏幕宽,高
CBitmap * m_pbmBackground;//背景位图指针
CMyPaintView::CMyPaintView()
{
    …… //省略以上代码
    m_pMemDC = new CDC;
    m_pbmBackground = new CBitmap;
}
CMyPaintView:: ~ CMyPaintView()
{
    delete m_pMemDC;
    delete m_pbmBackground;
}
```

② 先在虚拟设备环境上画一块白布,其他图元都是在这白布上完成。为此,为视图类 CMyPaintView 添加 WM_CREATE 消息响应函数,修改代码如下:

```
int CMyPaintView::OnCreate(LPCREATESTRUCT lpCreateStruct)
{
```

```
     …… //省略以上代码
     m_nScreenW = ::GetSystemMetrics(SM_CXSCREEN);
     m_nScreenH = ::GetSystemMetrics(SM_CYSCREEN);
     CDC * pDC = GetDC();
     m_pMemDC -> CreateCompatibleDC(pDC);
     m_pbmBackground -> CreateCompatibleBitmap(pDC,m_nScreenW,
                       m_nScreenH);
     m_pMemDC -> SelectObject(m_pbmBackground);
     CBrush brush;
     brush.CreateSolidBrush(RGB(255,255,255));
     CRect rect(0,0,m_nScreenW,m_nScreenH);
     m_pMemDC -> FillRect(rect,&brush);
     ReleaseDC(pDC);
     return 0;
}
```

③ 下面我们可以修改 OnDraw 函数的实现代码,即重绘时把离屏设备环境中的图像绘制到屏幕,代码如下:

```
void CMyPaintView::OnDraw(CDC * pDC)
{
     ……//省略以上代码
     pDC -> BitBlt(0,0,m_nScreenW,m_nScreenH,m_pMemDC,0,0,SRCCOPY);
}
```

当然现在编译运行程序,还不能实现图像保持效果,因为我们并没有把图元真正绘到 m_pMemDC 中。因此,需要修改鼠标 WM_LBUTTONUP 消息响应函数,在把图元绘制到屏幕的同时也在离屏设备环境 m_pMemDC 上绘制。

6.5　图像法的撤销与重复(UNDO/REDO)

本节介绍在图像法绘图应用程序中,如何实现图像的撤销(UNDO)与重复(REDO)功能。要想实现图像的撤销,必须在撤销前把图像备份起来,在撤销时再把备份的图像恢复出来,这样才能完成撤销操作。具体操作如下:

(1)为视图类添加成员变量,用于保存图像

```
CBitmap m_bmBackup;//备份位图变量
DWORD m_dwSizeBitmap;//位图 buffer 字节大小
LPBYTE m_pbytBitmapBuf;//位图字节信息
```

(2)为视图类 CMyPaintView 添加 Backup 和 Restore 两个函数

分别是将图像保存在内存变量 m_bmBackup 中和从 m_bmBackup 恢复图像并显示即完成撤销功能。代码列表如下:

```
void CMyPaintView::Backup()
```

```
    {
        ASSERT(m_pbytBitmapBuf);
        m_pbmBackground -> GetBitmapBits(m_dwSizeBitmap,
        m_pbytBitmapBuf);
        m_bmBackup. DeleteObject( );
        m_bmBackup. CreateBitmap(m_nScreenW,m_nScreenH,1,32,
                m_pbytBitmapBuf);
    }
void CMyPaintView::Restore( )
    {
        m_bmBackup. GetBitmapBits(m_dwSizeBitmap,m_pbytBitmapBuf);
        m_pbmBackground -> DeleteObject( );
        m_pbmBackground -> CreateBitmap(m_nScreenW,m_nScreenH,1,32,
                m_pbytBitmapBuf);
        m_pMemDC -> SelectObject(m_pbmBackground);
        Invalidate( );
    }
```

　　为了实现撤销功能,必须在撤销前把图像备份起来,即调用 Backup 函数。也就是说,我们要在每一次绘制前把之前的图像备份。在需要撤销时再把备份的图像恢复出来,即完成撤销操作。因此,在程序中左键按下消息响应函数,我们需要调用 Backup 函数。同时,添加撤销菜单响应函数,在函数实现中调用 Restore 函数把备份好的图像恢复,即实现了撤销(UNDO)功能。

　　实现撤销后的重复(REDO)功能,过程正好相反。需要先保存撤销之前的图像,点击重复时把保存的图像恢复。这里需要再定义一个位图变量用于保存撤销之前的图像,还需要编写两个相类似的函数以完成功能。

　　前面讲的内容,只能实现一次撤销与重复。如果需要无限级 UNDO/REDO,则需要使用链表。建立两个链表对象 a 和 b,在链表 a 中存放每一次备份的位图。当在实现 UNDO 功能时,先把当前的位图保存到链表 b 中,然后从链表 a 中获取最后一次保存的位图恢复出来,并将其从链表 a 中删除。反之,在实现 REDO 功能时,先把当前的位图保存到链表 a 中,然后从链表 b 中获取最后一次保存的位图恢复,并将其从链表 b 中删除。

6.6　类似 MSPAINT 的界面设计

　　到目前为止,我们基本实现了类似 MSPAINT 画图程序的功能。在这一节中,将介绍如何设计类似 MSPAINT 的界面。

6.6.1　状态栏

首先,修改 MainFrm. cpp 中的静态变量 indicators,

```
static UINT indicators[ ]  =
{
        ID_SEPARATOR,                // status line indicator
        ID_SEPARATOR,                // status line indicator
        ID_INDICATOR_NUM,
};
```

然后,要在状态栏中显示鼠标当前位置,需要在 VIEW 中的 WM_MOUSEMOVE 消息响应函数中添加代码,代码列表如下:

```
CMainFrame * pFrame  = (CMainFrame * )AfxGetMainWnd( );
CString strCoord;
strCoord. Format(" % d, % d", point. x, point. y);
pFrame -> m_wndStatusBar. SetPaneText(1, strCoord, TRUE);
```

6.6.2　绘图工具栏

首先,获取 MSPAINT 画图程序的绘图工具栏资源。具体操作方法是:使用菜单【File|Open】启用打开对话框,在系统目录 Windows\system32 下以资源方式打开 mspaint. exe,如图 6 – 13 所示。可以看到在 bitmap 下的 859 就是绘图工具栏的资源,逐个将其拷贝到应用程序 MyPaint 的资源 Toolbar 中的 IDR_MAINFRAME 里,并修改它们的 ID,见图 6 – 14。这样就形成了类似 MSPAINT 的绘图工具栏资源。

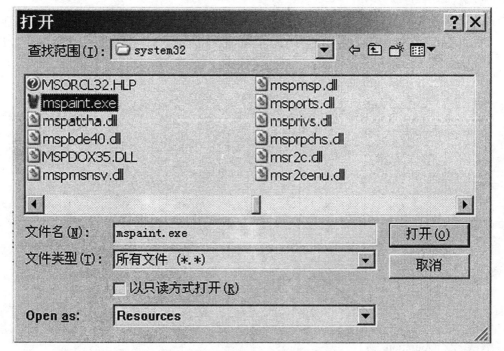

图 6 – 13　打开 mspaint. exe 资源

ID_BUTTON_IRREG_SEL
ID_BUTTON_RECT_SEL
ID_BUTTON_ERASER
ID_BUTTON_FILL
ID_BUTTON_SELCOLOR
ID_BUTTON_MAGNIFY
ID_BUTTON_PEN
ID_BUTTON_BRUSH
ID_BUTTON_AIRBRUSH
ID_BUTTON_TEXT
ID_BUTTON_LINE
ID_BUTTON_CURVE
ID_BUTTON_RECT
ID_BUTTON_POLYGON
ID_BUTTON_ELLIPSE
ID_BUTTON_ROUND_RECT

图 6-14　绘图工具栏资源与 ID

　　为了实现类似 MSPAINT 的绘图工具栏效果,我们需要对 CToolbar 类进行修改,因此从 CToolbar 类派生一个自己工具栏类 CMyToolbar,来设置工具栏风格。CMyToolbar 源代码列表如下:

```
//头文件  mytoolbar.h
　　　　……//省略以上代码
class CMyToolBar : public CToolBar
{
// Construction
public:
    CMyToolBar();

    // Attributes
public:
        void SetSelType(SELTYPE type);

    // Operations
public:
    int GetPenWidth() const { return m_Option.GetPenWidthSel(); }
```

```
        int GetRectType( ) const { return m_Option. GetRectTypeSel( ); }
// Overrides
    // ClassWizard generated virtual function overrides
    //{{AFX_VIRTUAL( CMyToolBar)
    //}}AFX_VIRTUAL


    // Implementation
public:
    virtual  ~ CMyToolBar( );
    // Generated message map functions
protected:
    void SetColumns( UINT nColumns) ;
    UINT m_nColumns;
    //{{AFX_MSG( CMyToolBar)
    afx_msg void OnNcPaint( );
    afx_msg void OnPaint( );
    afx_msg void OnLButtonDown( UINT nFlags, CPoint point) ;
    //}}AFX_MSG
    DECLARE_MESSAGE_MAP( )


private:
    COptionZone m_Option;
    CRect m_rcBorder;
};


    //实现文件 mytoolbar. cpp
CMyToolBar::CMyToolBar( )
{
    m_nColumns = 2;
    m_rcBorder. top = 3;
    m_rcBorder. bottom = 3;
    m_rcBorder. left = 9;
    m_rcBorder. right = 20;
}
CMyToolBar:: ~ CMyToolBar( )
{
}
BEGIN_MESSAGE_MAP( CMyToolBar, CToolBar)
```

```cpp
    //{{AFX_MSG_MAP(CMyToolBar)
    ON_WM_NCPAINT()
    ON_WM_PAINT()
    ON_WM_LBUTTONDOWN()
    //}}AFX_MSG_MAP
END_MESSAGE_MAP()
//////////////////////////////////////////////////////////////
// CMyToolBar message handlers
void CMyToolBar::SetColumns(UINT nColumns)
{

    SetBorders(m_rcBorder);
    m_nColumns = nColumns;
    int nCount = GetToolBarCtrl().GetButtonCount();
    for(int i = 0;i < nCount;i ++)
    {
        UINT nStyle = GetButtonStyle(i);
        BOOL bWrap = (((i+1) % nColumns) == 0);
        if(bWrap)
            nStyle |= TBBS_WRAPPED;
        else
            nStyle &= ~TBBS_WRAPPED;
        SetButtonStyle(i,nStyle);
    }
    GetParentFrame() -> RecalcLayout();
}
void CMyToolBar::OnPaint()
{

    CToolBar::OnPaint();
    // TODO: Add your message handler code here
    CWindowDC dc(this); // device context for painting
    m_Option.Draw(&dc);
}
void CMyToolBar::OnNcPaint()
{

    SetColumns(2);
    CControlBar::EraseNonClient();
    CRect rect;
    GetClientRect( &rect );
```

```
            InvalidateRect( &rect, FALSE );
    }
    void CMyToolBar::SetSelType( SELTYPE type )
    {
            m_Option. SetOptionType( type );
            Invalidate( );
    }
    void CMyToolBar::OnLButtonDown( UINT nFlags, CPoint point )
    {
            point. y + = m_rcBorder. left;
            if   ( m_Option. PointToOption( point ) )
                Invalidate( );
            CToolBar::OnLButtonDown( nFlags, point );
    }
```

此时,再把窗口类 CMainFrame 中的 CToolBar m_wndToolBar 修改为刚刚定义的自己工具栏类型 CMyToolBar。然后在窗口类的 OnCreate 函数中修改工具栏对象的创建风格属性。源代码列表如下:

```
    int CMainFrame::OnCreate( LPCREATESTRUCT lpCreateStruct )
    {
            ……//省略部分代码
            if ( ! m_wndToolBar. CreateEx( this, TBSTYLE_BUTTON, WS_CHILD |
                WS_VISIBLE | CBRS_LEFT| CBRS_TOOLTIPS | CBRS_SIZE_FIXED) ||
                ! m_wndToolBar. LoadToolBar( IDR_MAINFRAME ) )
            {
                TRACE0( "Failed to create toolbar\n" );
                return −1;         // fail to create
            }
            m_wndToolBar. SetWindowText( _T( "工具" ) );
            ……//省略部分代码
            return 0;
    }
```

其中 COptionZone 是选择区域,提供笔宽、矩形类型等类型选择,由于比较琐碎,其源代码就不在此列举了,具体代码用户可下载参考代码。

到此,绘图工具栏的界面就完成了,下面给每个工具项建立消息响应并添加实现代码就可以了。在工具栏按钮响应函数中调用之前在菜单响应的函数后,就可以实现工具栏的功能了。在画线按钮响应函数 OnButtonLine( ) 中调用 OnMenuLine( ) 即选择画直线。

6.6.3 颜色工具栏

颜色工具栏的添加方法和绘图工具栏基本一样，首先新建一个工具栏资源，修改其尺寸为宽 287，高 24，并设 ID 为 ID_COLORPAN。另外，从 CToolbar 派生出来颜色栏类 CColorPane，其源代码列表如下：

```
class CColorPane : public CToolBar
{
// Construction
public:
    CColorPane();


    // Attributes
public:


// Operations
public:
    COLORREF GetColor() const;
    COLORREF GetPaintColor() const;
    void SetPaintColor(COLORREF color);
    COLORREF GetCanvasColor() const;
    void SetCanvasColor(COLORREF color);


    // Overrides
    // ClassWizard generated virtual function overrides
    //{{AFX_VIRTUAL(CColorPane)
    //}}AFX_VIRTUAL


    // Implementation
public:
    virtual ~CColorPane();
    // Generated message map functions
protected:
    //{{AFX_MSG(CColorPane)
    afx_msg void OnPaint();
    afx_msg void OnMouseMove(UINT nFlags, CPoint point);
    afx_msg void OnLButtonDown(UINT nFlags, CPoint point);
    afx_msg void OnLButtonUp(UINT nFlags, CPoint point);
    afx_msg void OnLButtonDblClk(UINT nFlags, CPoint point);
```

```
    afx_msg void OnRButtonDown(UINT nFlags, CPoint point);
    afx_msg void OnRButtonUp(UINT nFlags, CPoint point);
    afx_msg void OnRButtonDblClk(UINT nFlags, CPoint point);
    //}}AFX_MSG
    afx_msg void OnPaintColorDialog();
    afx_msg void OnCanvasColorDialog();
    DECLARE_MESSAGE_MAP()
protected:
    CRect m_rcColorBox[28];            //28 color boxes.
    int   m_nColorPicked;
    COLORREF m_clrCurrentColor;        // the current color selected.
    int PtInColorBox(POINT point);
        // return color box index if point is fallen in the box,
                                //    or return -1.
private:
    static COLORREF s_clrMosaic[28];
    void InitColorBox(CRect& rc);
    void DrawBigColorBox(CDC& dc, CRect& rc);
    void DrawSmallColorBoxes(CDC& dc, CRect& rc);
    void DrawASmallColorBox(CDC& dc, CRect& rc, COLORREF color);
};
```

然后在窗口类 CMainFrame 中加入颜色工具栏对象,并在其 OnCreate 中创建出来。创建代码如下:

```
    if(! m_wndColorPane. CreateEx(this,TBSTYLE_FLAT,WS_CHILD |
        WS_VISIBLE | CBRS_BOTTOM      | CBRS_TOOLTIPS | CBRS_FLYBY |
        CBRS_SIZE_FIXED) ||
        ! m_wndColorPane. LoadToolBar(IDR_COLORPAN))
    {
        TRACE0("Failed to create toolbar\n");
        return -1;        // fail to create
    }
    m_wndColorPane. SetWindowText("颜色");
    m_wndColorPane. EnableDocking(CBRS_ALIGN_BOTTOM);
    EnableDocking(CBRS_ALIGN_BOTTOM);
    DockControlBar(&m_wndColorPane);
```

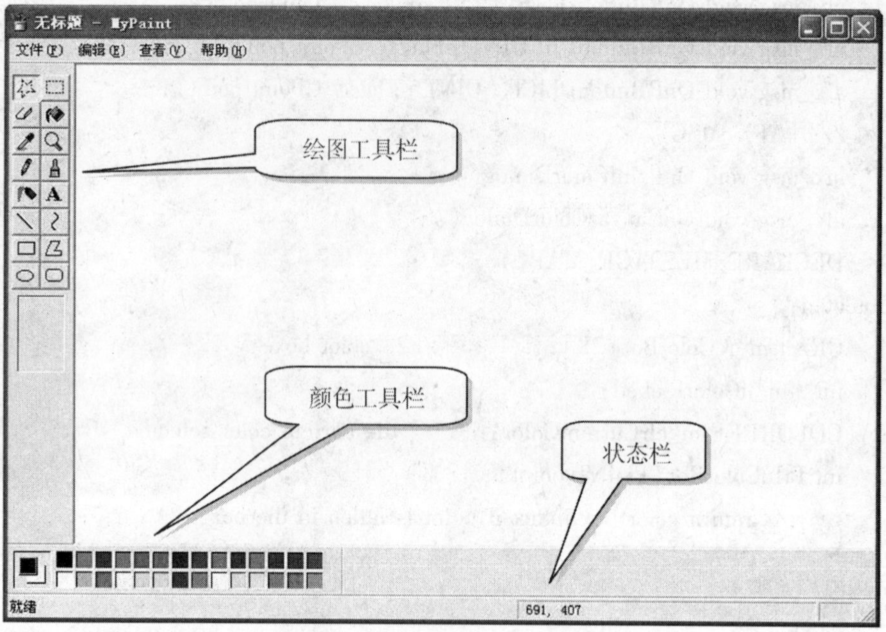

图 6 – 15　MyPaint 效果图

　　图 6 – 15 显示了 MyPaint 的界面设计效果。当然这只是部分功能的简单的模仿,要实现其全部功能,还需增加画布(Canvas)的大小拉伸、帮助等功能。这些功能留待读者进一步去完善。

思考题

6 – 1　DC 和 GDI 分别是什么概念? 对于图形而言怎么使用?

6 – 2　图像法绘图的基本原理是什么?

6 – 3　橡皮条绘图的基本原理是什么? 为什么需要橡皮条技术画图?

6 – 4　在 View 中的图形为什么不能保持? OnDraw 在绘图中起什么作用?

6 – 5　UNDO/REDO 技术原理是什么?

6 – 6　为什么图像法绘图软件很少用无限级撤销?

6 – 7　一个单文档程序是否只能有一个工具栏?

6 – 8　将工具栏单排按钮改成双排或多排用的是什么方法?

6 – 9　如何将别的图形或控件嵌入工具条中?

6 – 10　在颜色工具栏颜色块是如何画上去的?

习　题

6 – 1　创建一个图像法绘图软件,实现各种图形的显示,如直线、圆、矩形等图形。

6 – 2　在前一题的基础上,实现橡皮条技术绘图。

6 – 3　在前一题的基础上,实现图像的保持。

6 – 4　在前一题的基础上,实现撤销与重复。

6 – 5　在前一题的基础上,实现类似 MSPAINT 风格的界面。

第7章

简单的矢量法绘图软件设计

简单的矢量法绘图可参考 WORD 中绘图的方法。这种绘图方法所绘制的图形不再是不能修改的,因为其中记录的是图形的属性。下面将进行一个矢量绘图程序的开发。在这个开发过程中我们将用到链表、多态性等概念;先用 MFC AppWizard 产生一个单文档应用程序 MyDraw,参考 6.6 节的方法,添加状态栏、绘图工具栏和颜色工具栏,然后在这基础上来组织矢量绘图系统的开发工作。

7.1　图形元素类

面向对象的程序设计,是目前程序设计的主流方法。本节中,将利用面向对象的程序设计和C++类的组织方法,建立起一个基本矢量图形绘制系统的图形元素类。我们组织实现的基本矢量绘图系统,应该能够处理直线、圆及圆形区域、矩形等图形元素,针对每类图形元素组织建立起对其进行管理的C++类,把每个图形元素作为一个独立的对象来管理。

7.1.1　图形元素基类

对各种图形元素进行分析,可以发现各类图元具有一些相同的属性和操作功能,比如图形元素的颜色、线型、线宽等属性和得到一个图元是否被选择等操作。把这些图形元素中共性的东西(属性和操作),组织存放在一个图形元素基类中,具体的图形元素类由这个类派生。

在矢量绘图系统 MyDraw 中,用 ClassWizard 增加一个新的类 CShape,作为图形元素的基类,这个类的基类是 CObject,类的头文件为 Shape. h,实现文件为 Shape. cpp。CShape 类的定义如下:

```
class CShape ： public CObject
{
public：
    int m_nPenStyle, m_nPenWidth; //画笔类型,画笔宽度
    COLORREF m_crPenColor,m_crBrushColor; //画笔颜色,画刷颜色
    int m_nBrushIndex; //画刷类型
    CPoint m_ptStart,m_ptEnd; //记录图元的第一个控制点和最后一个控制点

    CShape( );
```

```
        virtual ~ CShape( );
        void SetPenColor( COLORREF crColor);//设置画笔颜色
        void SetPenWidth( int nWidth);//设置画笔宽
        void SetPenStyle( int nStyle);//设置画笔风格
        void SetBrushIndex( int nIndex);//设置画刷填充风格
        void SetBrushColor( COLORREF crColor);//设置画刷颜色
        void SetStartPoint( CPoint ptStart);//设置第一个控制点
        void SetEndPoint( CPoint ptEnd);//设置最后一个控制点,即用于更新属性
        virtual void Draw( CDC * pDC);//画图操作
    };
```

在这个图形元素基类 CShape 中,有一个虚成员函数 Draw,它完成负责图元本身的绘制工作。基类 CShape 的 Draw 函数没有任何操作,每类图形元素必须重载 Draw 函数以实现自己类型的图元绘制。

7.1.2　直线类

直线类从图形元素基类 CShape 派生而来,直线的一些基本参数(如线型、线宽、颜色等)从 CShape 类中继承而来,直线的起点和终点坐标也从 CShape 的第一控制点和最后控制点继承,因此,在直线类中需要重载 Draw 函数并实现其功能。用 ClassWizard 定义一个管理直线的类 CLine,其基类是 CShape,头文件为 line. h,实现文件为 line. cpp。CLine 类的 Draw 函数实现代码如下:

```
    void CLine:.Draw( CDC * pDC)
    {
        CPen NewPen;
        BOOL bSucPen = NewPen. CreatePen( m_nPenStyle,  //创建画笔
                m_nPenWidth,m_crPenColor);
        CPen * pOldPen = pDC -> SelectObject( &NewPen);//选用新的画笔
        pDC -> MoveTo( m_ptStart);  //把当前点移至 m_ptStart 点
        pDC -> LineTo( m_ptEnd);//从当前点绘制直线至 m_ptEnt 点
        pDC -> SelectObject( pOldPen);//还原旧的画笔
    }
```

7.1.3　矩形类

对矩形类的定义方法与直线类 Cline 类似。矩形除了图形元素基本特征外,第一个控制点和最后一个控制点分别对应矩形的左上角和右下角,同样,在矩形类中需要重载 Draw 函数并实现其功能。用 ClassWizard 定义一个管理矩形的类 CRectangle,其基类是 CShape,头文件为 rectangle. h,实现文件为 rectangle. cpp。CRectanle 类的 Draw 函数实现代码如下:

```
    void CRectangle:.Draw( CDC * pDC)
    {
```

```
CPen NewPen;
BOOL bSucPen = NewPen.CreatePen(m_nPenStyle,   //创建画笔
    m_nPenWidth,m_crPenColor);
CPen * pOldPen = pDC -> Selectobject(&NewPer);//选用新的画笔
CBrush   NewBrush;
CGdiObject * pOldBrush = NULL;
if(m_nBrushIndex == -1)//无填充状态,即中空
    pOldBrush = pDC -> SelectStockObject(HOLLOW_BRUSH);
else
{
    NewBrush.CreateHatchBrush(m_nBrushIndex,
            m_crBrushColor);  //创建画刷
    pOldBrush = pDC -> SelectObject(&NewBrush);  //选用新的画刷
}
CRect rcBox = CRect(m_ptStart,m_ptEnd);//构造起点到终点的矩形框
pDC -> Rectangle(&rcBox);  //绘制矩形
pDC -> SelectObject(pOldPen);
pDC -> SelectObject(pOldBrush);
}
```

7.1.4　椭圆类

椭圆类和矩形类的定义方法一样,圆类则是椭圆类的一个特例,这属于边界矩形法
(当然也可以采用其他的方法,如圆心半径法、圆心直径法等)。

用 ClassWizard 定义一个管理矩形的类 CEllipse,其基类是 CShape,头文件为 Ellipse.
h,实现文件为 Ellipse.cpp。CEllipse 类的 Draw 函数实现代码如下:

```
void CEllipse::Draw(CDC * pDC)
{
    ……//省略画笔、画刷的创建和选择
    CRect rcBox = CRect(m_ptStart,m_ptEnd);  //构建椭圆边界矩形
    pDC -> Ellipse(&rcBox);  //绘制椭圆
    pDC -> SelectObject(pOldPen);
    pDC -> SelectObject(pOldBrush);
}
```

7.2　实现矢量绘图

在前面的论述中,我已经为实现矢量绘图做好了充分的准备,现在只要在视图中添
加代码就能够实现矢量绘图了。和图像法绘图的操作一样,我们需要添加鼠标消息 WM_
LBUTTONDOWN、WM_LBUTTONUP 和 WM_MOUSEMOVE 的消息响应函数。

7.2.1 LBUTTONDOWN 的消息响应函数

首先,为视图类添加几个成员变量,并在视图构造函数中将其初始化。成员变量如下:

emDRAWTYPE m_emDrawType;// 记录当前的绘制类型

CPoint m_ptStart,m_ptEnd;//记录绘图时鼠标的起点和终点

BOOL m_bDrawing;//记录当前是否在绘制

COLORREF m_crPenColor,m_crBrushColor;//画笔颜色,画刷颜色

int m_nPenStyle, m_nPenWidth;//画笔类型,画笔宽度

int m_nBrushIndex;//画刷类型

CShape * m_pShapeObj;//当前正在绘制的图元对象

其次,在鼠标左键按下消息响应中,更加选择的绘制类型创建相应的图元对象,并设置其颜色、线宽等属性。在鼠标左键抬起后,设置其最后一个控制点,并将其添加到文档类图元管理类对象中,结束本图元对象绘制。

```
void CMyDrawView::OnLButtonDown( UINT nFlags, CPoint point)
{
    switch( m_emDrawType)
    {//根据绘制类型,创建图元对象
    case DRAW_LINE:
        m_pShapeObj = new CLine;
        break;
    case DRAW_ELLIPSE:
        m_pShapeObj = new CEllipse;
        break;
    case DRAW_RECTANGLE:
        m_pShapeObj = new CRectangle;
            break;
    case DRAW_ARC:
        break;
    default:
        break;
    }
    if( m_pShapeObj )//设置图元的属性
    {
        m_pShapeObj -> SetPenStyle( m_nPenStyle);
        m_pShapeObj -> SetPenWidth( m_nPenWidth);
        m_pShapeObj -> SetPenColor( m_crPenColor);
        m_pShapeObj -> SetBrushIndex( m_nBrushIndex);
        m_pShapeObj -> SetBrushColor( m_crBrushColor);
```

```
        m_pShapeObj -> SetStartPoint( point) ;
        m_pShapeObj -> SetEndPoint( point) ;
        m_bDrawing  =  TRUE;//处于画图的过程中
    }
    CView::OnLButtonDown( nFlags, point) ;
}
```

7.2.2 MOUSEMOVE 的消息响应函数

和图像法绘图一样,我们还需要用"橡皮条"技术来实现鼠标交互操作绘图。在视图类 CMyDrawView 中,修改 WM_MOUSEMOVE 消息响应函数 OnMouseMove,源代码如下:

```
void CMyDrawView::OnMouseMove( UINT nFlags, CPoint point)
{
    //在状态栏中显示鼠标位置信息
    CMainFram *   pFrame = ( CMainFrame * ) AfxGetMainWnd( ) ;
    CString strCoord;
    strCoord. Format(" % d,  % d",point. x,point. y) ;
    pFrame -> m_wndStatusBar. SetPaneText(1,  strCoord, TRUE) ;

    if( m_bDrawing)//判断是否在绘制
    {
        CDC * pDC = GetDC( );//获取设备上下文
        pDC -> SetROP2( R2_NOTXORPEN) ; //设置绘制模式
        m_pShapeObj -> Draw( pDC) ;//绘制图元本身
        m_pShapeObj -> SetEndPoint( point) ;//设置最后一个控制点
        m_pShapeObj -> Draw( pDC) ;//绘制图元本身
        ReleaseDC( pDC) ; //绘制释放设备上下文
    }
    CView::OnMouseMove( nFlags, point) ;
}
```

7.2.3 LBUTTONUP 的消息响应函数

WM_LBUTTONUP 是绘图结束的时候,这时一方面要将橡皮条画图的线擦除,另一方面要将需要的图形画出来。实现代码如下:

```
void CMyDrawView::OnLButtonUp( UINT nFlags, CPoint point)
{
    if( m_bDrawing)//判断是否在绘制
    {
        CDC * pDC = GetDC( );//获取设备上下文
        m_pShapeObj -> SetEndPoint( point) ; //设置最后一个控制点
```

```
            m_pShapeObj -> Draw(pDC);//绘制图元本身
        GetDocument( ) -> m_ShapeManage. AddNew( m_pShapeObj);
                        //将对象添加到文档类图元管理类的对象中
            m_bDrawing = FALSE;//绘制的动作结束
            m_pShapeObj = NULL;//没有正在绘制的图元
            ReleaseDC(pDC);//绘制释放设备上下文
        }
        CView::OnLButtonUp(nFlags, point);
}
```

与图像法绘图对比发现,在矢量绘图系统中,鼠标消息响应函数 OnLButtonUp 和 On-MouseMove 中已经不需要用 case 语句判断绘制类型,直接调用图形元素类的 Draw 函数即可。由于图形元素类的 Draw 函数是一个虚函数,当对象调用这个虚函数时,能够自动判断对象本身的类型,并调用自己类型的 Draw 函数。这正是C++面向对象编程的多态性特点。利用面向对象的多态性,我们消灭了多 case 语句,使得程序代码简洁、思路清楚、容易维护。

7.3   矢量绘图系统的管理

本节中将使用前面所述的图形元素类,利用 MFC 应用程序的文档管理体系组织软件系统,用链表记录绘图图元对象,实现基本矢量绘图系统的管理功能。

管理矢量绘图系统图形数据的管理方法,即文档管理机制,是一套完全面向对象的文档组织机制。它通过图形元素类创建很多图形元素对象(比如可以利用 CLine 类创建 2008 个 CLine 对象),每个图形元素对象作为一个整体来组织存储空间的分配、保存及读取等各种管理功能。通用建立一种存储机制,来管理指向所有图形元素对象的指针,达到管理所有图形元素对象的目的。这种文档管理机制具有组织简单、机构化和移植性好以及比较容易利用VC++程序设计语言的新技术等优点。缺点是需要相对较大的内存空间。

7.3.1   利用 MFC 链表管理图形元素对象

管理一个矢量绘图系统文档的思路是:每个图形元素是图形元素类所创建的一个对象,在创建这个对象时得到指向这个对象的指针,建立一个对象指针链表来管理这些指针,来达到管理所有图形元素对象的目的。

在VC++下可以容易地实现对指向图形元素对象的指针的组织和管理。在 MFC 中有一个链表类 CObList,可以用它来定义一个管理类指针的对象,它可以管理所有 CObject 类及其派生类对象的指针。CObject 直接或间接派生几乎所有的其他 MFC 类,在应用程序 MyDraw 中,把图形元素类 CShape 定义为 CObject 派生类,就是为了用 CObList 对象管理其派生类对象的指针。比如,可以定义一个管理类指针的对象如下:

CObList m_listShape;

那么,对象 m_listShape 可以用来存放 Cline、CRectanle 以及 CEllipse 等类对象的指

针,从而管理所有图元对象。CObList 中封装了完成各种链表操作功能的函数,比如增加、删除、插入、获取节点项等,因此,可以非常容易地完成各种操作功能。

7.3.2 系统的管理类

为了便于管理所有矢量图形,定义一个图形元素管理类 CShapeManage,成员有包含所有图元对象指针的 CObList 对象和对所有图元对象的操作,如加入新图元、删除图元等,它的基类也是 CObject。图形元素管理类 CShapeManage 是可扩展的,随着系统功能的增加,我们需要不断地对其修改。CShapeManage 的头文件 shapemange. h 定义如下:

```
class CShapeManage  : public CObject
{
public:
    CShapeManage( );
    virtual  ~CShapeManage( );
public:
    BOOL AddNew( CShape *  pShape);       // 添加新图元对象指针
    void DeleteAllShape( );//删除所有图元对象
    void DrawShapes( CDC *  pDC);  //在 pDC 上绘制所有图元对象
protected:
    CObList m_listShape;//存放所有矢量图元对象的列表
};
```

实现文件 ShapeManage. cpp,部分代码如下:

```
BOOL CShapeManage::AddNew( CShape  * pShape)
{// 添加新图元对象指针.
    m_listShape. AddTail( pShape);
        return TRUE;
}


void CShapeManage::DrawShapes( CDC  * pDC)
{//在 pDC 上绘制所有图元对象
    POSITION pos  =  m_listShape. GetHeadPosition( );
    while ( pos)
    {
        CShape *  pShapeObj  =  ( CShape * )m_listShape. GetNext( pos);
        pShapeObj -> Draw( pDC);
    }
}
```

在应用程序 MyDraw 中,在文档类 CMyDrawDoc 中创建一个图形元素管理类的对象如下:

```
public: // Attributes
```

CShapeManage m_ShapeManage;//管理图元类对象

在之后的视图实现、串行化、编组、拉伸等各种功能的实现,都是通过对象 m_Shape-Manage 来完成的。

7.4　矢量法的撤销与重复(UNDO/REDO)

在本节中,我们介绍在矢量绘图系统中如何实现撤销(UNDO)和重复(REDO)。在图像法中,实现 UNDO/REDO 是用保存位图的方式;单步 UNDO 只要保存一幅图像,多步 UNDO 需要一个图像序列(链表)。在矢量法中,实现 UNDO/REDO 是依靠图元链表,容易实现无限级 UNDO/REDO。

矢量法中撤销与重复分两种,简单的 UNDO/REDO 是面向图元对象链表的,复杂的 UNDO/REDO 应该是面向操作的。面向图元对象链表的 UNDO/REDO 只能撤销图元,而面向操作的 UNDO/REDO 才是真正意义上的撤销与重复,它能够撤销对图元的每一步操作。Photoshop 中的撤销就是面向操作的例子。这一节主要介绍简单的撤销与重复,在下一章操作链表中将介绍复杂的撤销与重复。

7.4.1　设计 Redo 链表

为了实现 UNDO 之后能够 REDO,需要在图元管理类 CShapeManage 中添加一个链表成员 CObList m_listShapeRedo,即存放待 REDO 图元对象的列表。为 CShapeManage 添加 Undo、Redo 两个函数,Undo 函数实现图元撤销功能,即把最后放进图元列表 m_listShape 中的图元对象转移到待 Redo 图元列表中。与此相反,Redo 函数则是把最后移入待 Redo 图元列表的图元对象重新转移回到图元列表中。源代码列表如下:

```
BOOL CShapeManage::Undo()
{//对图元的 Undo
    BOOL bRet = FALSE;
    POSITION pos = m_listShape. GetTailPosition();
    if( pos ! = NULL)
    {
        CObject * pObj = m_listShape. GetAt(pos);
        m_listShapeRedo. AddTail(pObj);
        m_listShape. RemoveAt(pos);
        bRet = TRUE;
    }
    return bRet;
}


BOOL CShapeManage::Redo()
{//对图元的 Redo
    BOOL bRet = FALSE;
```

```
    POSITION pos = m_listShapeRedo. GetTailPosition( ) ;
    if( pos ! = NULL)
    {
        CObject  * pObj = m_listShapeRedo. GetAt( pos ) ;
        m_listShape. AddTail( pObj ) ;
        m_listShapeRedo. RemoveAt( pos ) ;
        bRet = TRUE ;
    }
    return bRet ;
}
```

7.4.2　菜单中响应撤销与重复的消息

在视图类菜单撤销与重复的消息响应函数中,通过 Doc 中图元管理对象 m_ShapeManage 调用 Undo/Redo,即可实现撤销与重复的功能。由于系统默认只有撤销菜单,我们把重复菜单加上,其 ID 为 ID_EDIT_REDO,同时添加重复菜单的加速键。视图类中代码如下(Redo 的代码类似) :

```
void CMyDrawView : : OnEditUndo( )
{
    GetDocument( ) -> m_ShapeManage. Undo( ) ;
    Invalidate( ) ;
}
```

为了防止内存泄露,需要修改 CShapeManage : : DeleteAllShape( )函数,即添加对重复图元链表 m_listShapeRedo 的删除代码。

上面的 Redo 链表可以使矢量绘图程序具有无限级的撤销与重复。

7.5　动态库与程序的模块化

在 5.1 节,我们学习了动态库的基本概念。现在,我们在 MyDraw 工程中新建一个矢量绘图核心库 ShapeDll,用 ShapeDll 动态库来实现图形元素的绘制与管理。即把所有的关于图形元素类和图形元素管理类归到动态库中,使得矢量绘制与主程序模块分离。

7.5.1　建立动态库工程 ShapeDll

在 VC++ 中使用 MFC 向导创建 MFC 规则 DLL 的过程如下:

第 1 步:首先新建一个 project(DLL 工程名为 ShapeDll) ,选择 project 的类型为 MFC AppWizard(dll) ,点击 OK。

第 2 步:在接下来的对话框中选择 Regular DLL using shared MFC DLL,其他选项选择默认方式。点击 Finish(完成)。下面,再把 MyDraw 矢量绘图系统中核心部分转移到 ShapeDll 中来。

第 3 步:将各个图形元素及其管理类 CShape、CLine、CEllipse、CRectangle、CShapeManage 等的头文件 ＊．h 和实现文件 ＊．cpp 都剪切到动态库 ShapeDll 的文件夹中。

第 4 步：把这些头文件和实现文件添加到 ShapeDll 工程中，将所有文件中原来 include 主工程头文件的预编译语句#include "myDraw.h"注释。

第 5 步：修改各个类声明，即在类名前添加 AFX_CLASS_EXPORT。此时编译 Shape-Dll，该动态库的建立基本完成了。

7.5.2　在 MyDraw 中使用动态库

下面，我们在 MyDraw 中来使用 ShapeDll 动态库进行矢量绘图系统开发。

第 1 步：建立工程目录。新建目录矢量绘图，将文件夹 MyDraw 和 ShapeDll 转移到该文件夹下，另外在矢量绘图中再新建 Header 和 Lib 两个文件夹，并把各个图形元素及管理类的头文件剪切至 Header 中。

第 2 步：重新打开 MyDraw 工程，从 FileView 中将各个图形元素及管理类的 h 文件和 cpp 文件删除。使用菜单 Project|Insert preject into workspace 打开已经建好的动态库工程 ShapeDll，在 FileView 中删除 ShapeDll 的 h 文件，注意只删除头文件。另外，再把头文件从 Header 文件夹中添加到动态库中来。

第 3 步：重新配置工程。使用菜单 Project|Settings 设置主工程 MyDraw 和动态库工程 ShapeDll。首先配置 ShapeDll 动态库工程，将 General 页的 Output files 修改成..\Lib，C/C++ 页 Preprocessor 分类中 Additional include directories 添加..\Header，Link 页中 General 分类下 Output file name 修改为..\Debug\ShapeDll.dll。

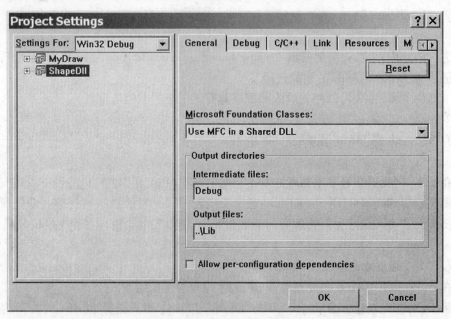

图 7-1　设置 Preject Settings

然后配置 MyDraw 工程，修改 General 页中 Output files 为..\Debug，C/C++ 页 Preprocessor 分类中 Additional include directories 添加..\Header，Link 页中 General 分类下 Object/library modules 添加 ShapeDll.dll，Input 分类中 Additional library path 添加..\Lib。

这样,所有的配置工作就完成了,最后使用菜单 Project | Dependecies 修改工程的依赖关系,如下图 7 - 2 所示。添加好依赖关系之后,我们编译主工程 MyDraw 时,会自动检测 ShapeDll 是否需要编译。

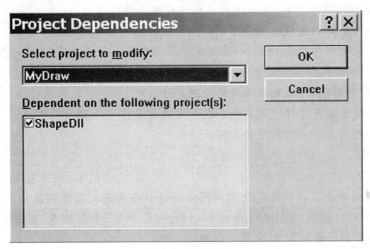

图 7 - 2　设置 Project Dependecies

到此,我们已经把界面模块和矢量绘图模块分离,实现了整个程序的模块化,类视图如图 7 - 3 所示。在需要进一步扩展矢量绘图系统时,可以在动态库 ShapeDll 中实现核心功能的扩展,而界面操作的扩展则在主程序中来实现。

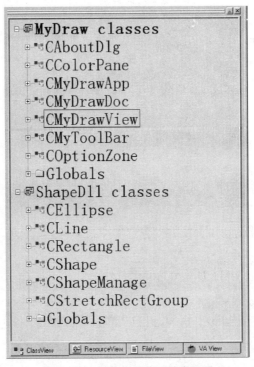

图 7 - 3　程序模块化后的类视图

思考题

7-1 矢量法绘图与图像法绘图有什么不同之处？

7-2 CShape 类中函数 Draw 为什么要设成虚函数？

7-3 如何将矩形类改造成正方形类？将椭圆类改造成圆类？

7-4 矢量图形管理类 CShapeManage 对图形系统做了哪些管理？它在软件中起到什么作用？

7-5 矢量绘图实现撤销与重复的原理是什么？

7-6 为什么在矢量绘图消息响应函数中不再需要 case 语句？

7-7 动态库在程序设计中的作用是什么？

习 题

7-1 根据本章给出的有关矢量绘图方法设计出简单矢量绘图软件，该软件具有直线、矩形（正方形）、椭圆（圆）的矢量绘制功能，可设笔宽、画笔颜色、画笔类型、填充色、填充类型，并具有类似 MSPAINT 界面风格。

7-2 在前一题的基础上，添加系统管理功能，将矢量图形管理起来。

7-3 在前一题的基础上，实现撤销与重复。

7-4 重新设计 MyDraw 绘图系统，创建动态库，将矢量图形管理类 CShapeManage 和 CShape 及其派生类放到动态库中，实现界面与数据层分离。

第 **8** 章

较完善的矢量法绘图软件设计

在第七章,我们已经基本实现了矢量绘图系统。为了使系统功能更加完善,在这一章我们将对矢量绘图进行以下几个方面的扩展。第一,使用串行化技术,存取矢量图文件。第二,实现图元对象的拾取,即选中图元。进而实现对选中的图元的移动、拉伸等图元操作。第三,图元编组,即对选中的多个图元实现编组功能,可以对编组后的图元移动、拉伸等操作。第四,基于操作的撤销与重复(UNDO/REDO)。

8.1 串行化与文件读写

串行化,即使用串行化函数 Serialize(ar) 实现类的属性成员的保存和读取的方法。为了使工程能够串行化保存图元,首先必须使类具备串行化能力,即可串行化,然后在修改文档类串行化函数 Serialize 的具体实现,使对象串行化成文件。

8.1.1 如何使类可串行化

(1)使一个类可串行化的几个关键步骤

① 直接或间接得到 CObject 的派生类。

② 在类声明中添加 DECLARE_SERIAL 宏。

③ 重载基类之 Serialize 串行化函数,并串行化派生类的数据成员。

④ 类实现中添加 IMPLEMENT_SERIAL 宏。

(2)使图形元素类 CShape 及其派生类可串行化

```
//shape. h
class AFX_CLASS_EXPORT CShape  : public CObject
{
    DECLARE_SERIAL(CShape)//注意这里没有分号
Public:
    virtual void Serialize( CArchive& ar );
    ……//省略以下代码
}
//shape. cpp
    ……//省略以上代码
//  Construction/Destruction
//////////////////////////////////////////////////////////////
```

```
IMPLEMENT_SERIAL(CShape,CObject,1)//注意:顺序为(类名,基类名,版本)
CShape::CShape()
{
    ……//省略以上代码
}

void CShape::Serialize(CArchive& ar)
{
    CObject::Serialize(ar);//调用基类的串行化函数
    if (ar.IsStoring())
    {// 保存到文件时
        ar << m_nPenWidth << m_nPenStyle << m_crPenColor;
        ar << m_nBrushIndex << m_crBrushColor;
        ar << m_ptStart << m_ptEnd;
    }
    else
    {//从文件打开时
        ar >> m_nPenWidth >> m_nPenStyle >> m_crPenColor;
        ar >> m_nBrushIndex >> m_crBrushColor;
        ar >> m_ptStart >> m_ptEnd;
    }
}
```

(3)使图形元素管理类 CShapeManage 可串行化

方法类似 CShape 类,这里不再重复。在图元管理类的串行化函数中,调用列表类的串行化函数。这里需要说明的是,在调用 CObList 对象的 Serialize 函数时,会自动调用链表中对象的 Serialize 函数以完成串行化操作。源代码列表如下:

```
void CShapeManage::Serialize(CArchive& ar)
{
    CObject::Serialize(ar);
    if (ar.IsStoring())
    {
        // 保存 Manage 中某些元素
    }
    else
    {
        DeleteAllShape();//清楚所有图元对象
        // 读取 Manage 中某些元素
    }
    m_listShape.Serialize(ar);//调用图元对象链表的串行化函数
}
```

此外,添加代码使 CLine 等其他图形元素类可串行化(参考基类 CShape)。

8.1.2 在 DOC 中实现串行化

```
void CMyDrawDoc::Serialize(CArchive& ar)
{
    if (ar.IsStoring())
    {
        // TODO: add storing code here
    }
    else
    {
        // TODO: add loading code here
    }
    m_ShapeManage.Serialize(ar);
}
```

8.2 图元拾取技术

图元拾取,即选中某个图元,为能够实现对选中图元的删除、移动、拉伸等图元操作做准备。图元拾取方式有点选和框选,并且可以有多个图元同时被选中。下面将详述图元拾取技术。

8.2.1 选中图元

首先,每个图元都有两个状态:选中和未选中。要实现选中图元,必须为图形元素类添加是否被选中的属性 m_bSelected,同时添加有关选中的成员函数,如设置选中成员 SetSelected()、清除选中成员 KillSelected()、判断是否已经选中成员 IsSelected()等。由于选中图元是所有图形元素类的共性,所以我们把这些成员添加在图形元素基类 CShape 中。

其次,对图元的选中操作方式有两种,一种是点选,另一种是框选。点选方式,即鼠标落入图元的包围盒则认为是选中图元;框选方式,即先用鼠标画出一个框选区域,如果图元包围盒完全位于框选区域内则认为是选中图元。点选方式时,只能有一个图元被选中,而对于框选方式,可以同时选中多个图元。在这里,我们需要为图形元素基类 CShape 添加一个成员 CRect m_rcBoundingBox 即包围盒,用于记录包含图元的最小矩形框。为了简单起见,我们把图元的起点控制点和终点控制点组成的矩形区域作为所有图元的包围盒。另外,我们还需要为 CShape 添加成员函数 Update(),用于对图元包围盒进行更新。在图元包围盒发生变化之后,都需要调用该函数来更新。如在设置最后控制点 SetEndPoint()之后以及在串行化函数中。由于不同图形元素类的包围盒更新有所区别,所以 Update 函数设置为虚函数,可以实现多态性。因此,为 CShape 添加 Update 函数之后,需要为其每一个派生类覆盖 Update 函数。

　　另外,在矢量绘图系统中,为了直观地呈现图元是否处于被选中状态,通常会给选中图元添加一个外框以示区别,即把图元包围盒显示出来。因此,为基类 CShape 添加成员函数 DrawBoundingBox( )用于绘制外框的实现,在基类 Draw 函数中调用绘制外框函数。注意,其他图形元素类需要在它们各自的 Draw 函数结尾处调用基类的 Draw 函数,即添加语句 $CShape::Draw(pDC)$;来完成每个图元对象的外框绘制。源代码列表如下:

```cpp
//头文件 shape.h
        BOOL m_bSelected;      //选中属性
        void SetSelected( );    //设置选中状态
        void KillSelected( );//清楚选中状态
        BOOL IsSelected( );// 检测是否处于选中状态
        CRect m_rcBoundingBox;//记录包含图元的最小外框
        virtual BOOL IsInArea (CPoint pt);
                                //判断点 pt 是否在图元中,即点选选中依据
        virtual BOOL IsInArea (LPRECT lpRect);
                                //判断图元是否在选框 lpRect 内,即框选选中依据
        virtual void Update ( );//更新属性,在 SetEndPoint 之后调用
        virtual void DrawBoundingBox (CDC * pDC); // 画出包围盒


//实现文件 shape.cpp
void CShape::SetSelected ( )
{ m_bSelected = TRUE;}
void CShape::KillSelected ( )
{ m_bSelected = FALSE;}
BOOL CShape::IsSelected ( )
{ return m_bSelected ;}
BOOL CShape::IsInArea (CPoint pt)
{
    m_ptOriginRef = pt; // 设置参考点
    m_rectMoving  = m_rcBoundingBox;//用边框来初始化移动时的显示外框
    return m_rcBoundingBox.PtInRect(pt);
}
BOOL CShape::IsInArea (LPRECT lpRect)
{
    if(lpRect == NULL)//清楚选中状态
        KillSelected( );
else
if( ((CRect * )lpRect) -> PtInRect(CPoint(m_rcBoundingBox.left,
    m_rcBoundingBox.top)) &&
    ((CRect * )lpRect) -> PtInRect(CPoint(m_rcBoundingBox.right,
```

```
                m_rcBoundingBox. bottom)))
            SetSelected();
        else
            KillSelected();
        return m_bSelected;
}


void CShape::DrawBoundingBox(CDC * pDC)
{
    CPen NewPen;
    BOOL bSucPen = NewPen. CreatePen(PS_DOT,1,RGB(120,120,120));
    CPen * pOldPen = pDC -> SelectObject(&NewPen);//选用新的画笔
    CBrush  NewBrush;
    CGdiObject * pOldBrush = NULL;
    pOldBrush = pDC -> SelectStockObject(HOLLOW_BRUSH);
    CRect rcBoundingStretch = m_rcBoundingBox;
    rcBoundingStretch. InflateRect(2,2);
    pDC -> Rectangle(&rcBoundingStretch);
    pDC -> SelectObject(pOldPen);
    pDC -> SelectObject(pOldBrush);
}


void CShape::Draw(CDC * pDC)
{
    if(m_bSelected)//被选中时绘制包围盒
        DrawBoundingBox(pDC);
}
```

为了实现选中操作,需要在图形元素管理类添加两个成员函数点选 PointToSelect()
和框选 SurroundToSelect()。源代码列表如下:

```
//ShapeManage. h
    CShape * PointToSelect(CPoint pt);  // 点选
    int SurroundToSelect(LPRECT lpRect);  // 框选
//ShapeManage. cpp
CShape * CShapeManage::PointToSelect(CPoint pt)  // 点选操作管理
{
    CShape * pRet = NULL;
    POSITION pos = m_listShape. GetTailPosition();
    while(pos)
    {
```

```
                CShape * pShapeObj = (CShape *)m_listShape. GetPrev(pos);
                if(! pShapeObj)
                    continue;
                if( pShapeObj -> IsInArea(pt) )
                {
                    pRet = pShapeObj;
                    break; //点选结束,退出
                }
            }
            return pRet;
    }
    int CShapeManage::SurroundToSelect(LPRECT lpRect) //框选操作管理
    {//lpRect = Null,则清楚选中状态
        int nRet = 0;
        POSITION pos = m_listShape. GetTailPosition();
        while(pos)
        {
            CShape * pShapeObj = (CShape *)m_listShape. GetPrev(pos);
            if(! pShapeObj)
                continue;
            if( pShapeObj -> IsInArea(lpRect) )
            {
                nRet ++ ;
            }
        }
        return nRet;//返回选中的图元个数
    }
```

8.2.2　移动图元

在选中图元的基础上,我们可以添加移动图元的功能。所谓移动图元,就是先鼠标选中一个或者多个图元,然后用鼠标拖动图元,实现图元从拖动起点平移至拖动结束点。
源代码列表如下:

//Shape. h

```
    //移动
    CRect m_rectMoving;// 移动时的临时外框
    BOOL m_bMoving;//图元是否正在移动中
    CPoint m_ptOriginRef;//移动时原始参考点
    virtual void SetOriginRef(CPoint pt);//设置参考点
    virtual BOOL MoveOffset(CPoint ptOffset);// 图元平移
```

```cpp
    virtual void MoveUpdate (CPoint pt);//移动时更新坐标属性
//shape. cpp
void CShape::SetOriginRef (CPoint pt)
{
    m_ptOriginRef = pt;
}
BOOL CShape::MoveOffset (CPoint ptOffset)
{
    m_rcBoundingBox. OffsetRect(ptOffset);
    m_ptEnd. Offset(ptOffset);
    m_ptOriginRef. Offset(ptOffset);
    m_ptStart. Offset(ptOffset);
    m_bMoving = FALSE;
    return TRUE;
}
void CShape::MoveUpdate (CPoint pt)
{
    m_bMoving = TRUE;
    m_rectMoving. OffsetRect(CPoint(pt - m_ptOriginRef));
    m_ptOriginRef = pt ;
}
//Rectangle. cpp
void CRectangle::Update( )
{
    m_rcBoundingBox = CRect(m_ptStart,m_ptEnd);
    m_rcBoundingBox. NormalizeRect( );
}


//Shapemanage. h
    void SetOriginRef (CPoint point); //外部接口,设置参考点
    BOOL MoveOffset (POINT ptOffset); //移动,偏移量为 ptOffset
    void MoveAllSelected (CPoint pt); //在移动过程中调用
//Shapemanage. cpp
void CShapeManage::SetOriginRef (CPoint point)
{
    POSITION pos = m_listShape. GetTailPosition( );
    while(pos)
    {
        CShape * pShapeObj = (CShape * )m_listShape. GetPrev(pos);
```

```
                    if( !  pShapeObj)
                        continue;
                    pShapeObj -> SetOriginRef( point);
                }
            }
        BOOL CShapeManage::MoveOffset ( POINT ptOffset)
        {
            if ( CPoint(0,0) == ptOffset )           return FALSE;
            POSITION pos = m_listShape. GetHeadPosition( );
            BOOL bHaveDone = FALSE;
            while ( pos )
            {
                CShape * pShape = ( CShape * )m_listShape. GetNext( pos);
                if ( pShape -> IsSelected( ) )
                    pShape -> MoveOffset( ptOffset);//改成保存操作方式
            }
            if ( bHaveDone )
                return TRUE;
            else return FALSE; // no one have been moved.
        }
        void CShapeManage::MoveAllSelected ( CPoint pt)
        {
        BOOL bRet = FALSE;
            POSITION pos = m_listShape. GetTailPosition( );
            while( pos)
            {
                CShape * pShapeObj = ( CShape * )m_listShape. GetPrev( pos);
                if( !  pShapeObj)
                    continue;
                if( pShapeObj -> IsSelected( ) )
                    pShapeObj -> MoveUpdate( pt);
            }
        }
```

8.2.3 修改界面程序,实现选中和移动效果

(1)在工具栏中添加移动按钮

其 ID 为 ID_BUTTON_MOVE,建立其消息响应函数并填写相应代码(函数 OnButton-Move( )与 OnUpdateButtonMove( ))。与此对应,应该为枚举类型 emDRAWTYPE 增加一枚举值 MOVE。

（2）为视图类添加选中和移动时需要的几个指针变量

CShape * m_pShapeObjMoving, * m_pShapeObjStretching;//移动图元的指针,拉伸图元的指针

CShape * m_pObjRectSel;//框选时的框对象的指针

（3）修改鼠标消息

当鼠标左键按下判断是否点中图元。如果点中且拖动鼠标即移动点中的图元;如果没有点中图元拖动则为框选操作,此时显示框选的外框。当鼠标左键抬起时,如果当前处于移动状态,则结束移动操作,如果处于框选状态,则结束框选操作。源代码列表如下:

```
void CMyDrawView∷OnLButtonDown(UINT nFlags, CPoint point)
{

    if(! m_bDrawing)
    {//不处于绘制状态时,可以创建、移动图元
        ……//省略以上代码
        switch(m_emDrawType)
        {//根据绘制类型,创建图元对象
        case LINE:
            m_pShapeObj = new CLine;
            m_bDrawing = TRUE;//处于画图的过程中
            break;
        ……//省略部分代码,即其他绘制类型的图元对象创建
        case MOVE://移动
        {

            m_pShapeObjMoving
             = GetDocument() -> m_ShapeManage. PointToSelect(point);
            if(m_pShapeObjMoving )
            {//点中一个图元
                if(! m_pShapeObjMoving -> IsSelected())
                {//图元原先未选中,则清楚之前的选中状态
                    if(FALSE == (nFlags & MK_CONTROL))
                    {
GetDocument() -> m_ShapeManage. SurroundToSelect(NULL);
                        m_pShapeObjMoving -> SetSelected();
                        m_nNumSelected = 1;
                        Invalidate();
                    }
                }
                else {
                    if(nFlags & MK_CONTROL)
```

```
                                {
                                    m_pShapeObjMoving -> KillSelected( );
                                    m_nNumSelected -- ;
                                }
                            Invalidate( );
                    }
                    if( m_nNumSelected > 1)//设置选中图元的移动原始参考点
                        GetDocument( ) -> m_ShapeManage. SetOriginRef( point);
                    m_ptStart = point;//记录移动起始点
                }
                else{//没有点中图元,则准备框选
                    m_ptStart = point;//记录框选的起始点
                    m_ptEnd = point;
                    //用于在框选移动时,显示框的位置
                    m_pObjRectSel = new CRectangle;
                    m_pObjRectSel -> SetStartPoint( point);
                    m_pObjRectSel -> SetEndPoint( point);
                    m_pObjRectSel -> SetPenStyle( PS_DOT);
                    m_pObjRectSel -> SetPenWidth( 1);
                    m_pObjRectSel -> SetPenColor( RGB( 50,150,150));
                    m_pObjRectSel -> SetBrushIndex( -1);
                    m_nNumSelected = 0;
                }
            }    //end of MOVE case
            break;
            default:    break;
        }    //end of Switch
    ……//省略以下代码
    }
    CView::OnLButtonDown( nFlags, point);
}
void CMyDrawView::OnMouseMove ( UINT nFlags, CPoint point)
{
    ……//省略以上代码
    if( m_pObjRectSel ! = NULL)
    {//框选移动时,显示框的位置
        CDC * pDC = GetDC( );
        int oldPen = pDC -> SetROP2( R2_NOTXORPEN);
        m_pObjRectSel -> Update( );
```

```
            m_pObjRectSel -> Draw(pDC);
            m_pObjRectSel -> SetEndPoint(point);
            m_pObjRectSel -> Update();
            m_pObjRectSel -> Draw(pDC);
            pDC -> SetROP2(oldPen);
        }
    if(m_pShapeObjMoving ! = NULL)
    {//移动选中的图元
        InvalidateRect(m_pShapeObjMoving -> m_rectMoving);
        GetDocument() -> m_ShapeManage. MoveAllSelected(point);
        InvalidateRect(m_pShapeObjMoving -> m_rectMoving);
        //这里缺少移动中的图元本身的显示
    }
    CView::OnMouseMove(nFlags, point);
}

void CMyDrawView::OnLButtonUp(UINT nFlags, CPoint point)
{

    ……//省略以上代码
    if(m_pShapeObjMoving ! = NULL)
    {// 结束移动图元
        GetDocument() ->
            m_ShapeManage. MoveOffset(CPoint(point - m_ptStart));
        m_pShapeObjMoving = NULL;//移动图元结束
    }
    if(m_pObjRectSel ! = NULL)
    {//结束框选
        m_ptEnd = point;//记录框选的终止点
        CRect rcSelect(m_ptStart, m_ptEnd);
        rcSelect. NormalizeRect();
        m_nNumSelected = GetDocument() ->
            m_ShapeManage. SurroundToSelect(&rcSelect);
        delete m_pObjRectSel;
        m_pObjRectSel = NULL;
    }
    Invalidate();
    CView::OnLButtonUp(nFlags, point);
}
```

编译运行程序,到此,图元的选中和移动功能添加已经完成。矢量绘图系统中,操作
移动的过程如图 8 - 1 所示。

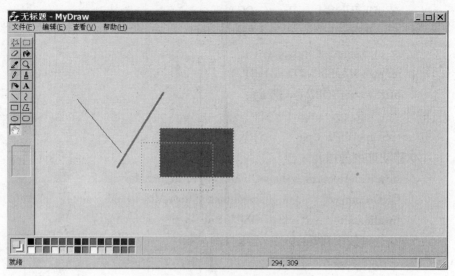

图 8-1   对矩形图元移动中的截图

8.2.4　拉伸图元

对图形元素的修改,除了选中和移动之外,比较常见的有图元拉伸。即在图元选中情况下,图元包围盒上有 8 个控制点,通过拖拽控制点对图元形状进行修改。为了便于管理,我们将 8 个控制点用一个类 CStretchRectGroup 来管理,而 8 个控制点其实是 8 个小的矩形,其声明和实现的源代码列表如下:

```
enum DRAG_STATE  {NONE,TOP_LEFT,TOP,TOP_RIGHT,RIGHT,
                  BOTTOM_RIGHT,BOTTOM,BOTTOM_LEFT,LEFT,
                  INSHAPE = 20} ;//8 个方向
class CStretchRectGroup
{
    CRect m_rcTopLeft;
    CRect m_rcTop;
    CRect m_rcTopRight;
    CRect m_rcRight;
    CRect m_rcBottomRight;
    CRect m_rcBottom;
    CRect m_rcBottomLeft;
    CRect m_rcLeft;
    CRect m_rcShape;
public:
    void SetGroup (LPRECT lpRect)
    {//初始化控制点
        CRect * lpRC = (CRect * )lpRect;
        m_rcTopLeft =
```

```
            CRect (lpRC –> left, lpRC –> top, lpRC –> left, lpRC –> top);
    m_rcTop = CRect (lpRC –> left + lpRC –> Width( )/2, lpRC –> top,
                lpRC –> left + lpRC –> Width( )/2, lpRC –> top);
        ……//省略其他的初始化
        m_rcShape = CRect(lpRC);
        InflateRect (3,3);
}
void InflateRect (int dx, int dy)
{
        m_rcTopLeft. InflateRect(dx, dy);
        ……//省略对其他的修改
}
DRAG_STATE     PtInRect (CPoint pt)
{//判断点 pt 落入哪个控制点,返回拉伸状态
        if( m_rcTopLeft. PtInRect(pt) )
            return TOP_LEFT;
        else if( m_rcTopRight. PtInRect(pt) )
            return TOP_RIGHT;
        ……//省略其他的判断
        else if( m_rcShape. PtInRect(pt) )
            return INSHAPE;
        else
            return NONE;
}
void Draw (CDC * pDC)
{//绘制控制点小矩形
        CBrush   NewBrush ;
        CGdiObject * pOldBrush = NULL;
        NewBrush. CreateHatchBrush(6, RGB(255,255,255));
        pOldBrush = pDC –> SelectObject( &NewBrush);
        pDC –> Rectangle( &m_rcTopLeft);
        pDC –> Rectangle( &m_rcTopRight);
        pDC –> Rectangle( &m_rcBottomRight);
        pDC –> Rectangle( &m_rcBottomLeft);
        pDC –> Rectangle( &m_rcTop);
        pDC –> Rectangle( &m_rcRight);
        pDC –> Rectangle( &m_rcBottom);
        pDC –> Rectangle( &m_rcLeft);
          pDC –> SelectObject( pOldBrush);
}
```

};

与移动图元类似,需要为图形元素基类 CShape 添加一个控制点类对象成员和几个虚函数完成对图元的拉伸。源代码列表如下:

```
//for Drag
CStretchRectGroup m_groupStretchRect; // 拖拽控制点对象
virtual DRAG_STATE StretchState (CPoint pt); // 根据鼠标点击的位置判断拖拽点
virtual BOOL Stretch (DRAG_STATE state, POINT ptOffset);
                     // 根据拖拽点拉伸 ptOffset 偏移量
```

注意:m_groupStretchRect 需要在 CShape 类的 MoveOffset 成员函数以及其派生类的 Update 成员函数中进行重新设置以达到更新。另外,需要在 DrawBoundingBox 成员函数中将其绘制出来。

在 CShape 的虚函数 Stretch 中实现包围盒以及控制点的更新。由于绘制直线时是根据起点和终点来绘制的,所以我们需要在 Cline 类中覆盖 Stretch 函数,在其中重新更新起点和终点,同时调用基类 CShape 的 Stretch 更新包围盒。而对于椭圆 CEllipse 类和矩形 CRectangle 类,修改其 Draw 函数,将先由起点和终点构造矩形,然后再绘制的方式改成为直接根据包围盒进行绘制,这样在 CEllipse 和 CRectangle 类中可以不覆盖 Stretch 函数。

```
DRAG_STATE CShape::StretchState (CPoint pt)
{
    DRAG_STATE ret = NONE;
    if(! m_bSelected)//只有选中的图元才可能拉伸
        return NONE;
    ret = m_groupStretchRect. PtInRect(pt);
    return ret;
}
BOOL CShape::Stretch (DRAG_STATE state, POINT ptOffset)
{
    if(INSHAPE == state )
        return FALSE;
    CRect rectDeflate;
    switch (state)
    {
    case TOP_LEFT:
        rectDeflate = CRect(ptOffset. x, ptOffset. y, 0, 0);
        break;
    case TOP:
        rectDeflate = CRect(0, ptOffset. y, 0, 0);
        break;
    ……//省略其他的代码
    case LEFT:
        rectDeflate = CRect(ptOffset. x , 0, 0, 0);
```

```
            break;
        default:
            break;
    }
    m_rcBoundingBox. DeflateRect(rectDeflate);
    m_groupStretchRect. SetGroup(&m_rcBoundingBox);
    return TRUE;
}
```

由于对图元的所有操作都是由图形元素管理 CShapemanage 来管理的,所以还需要在 CShapeManage 类中添加相应的函数。源代码列表如下:

```
DRAG_STATE CShapeManage::StretchState(CPoint pt)
{
    POSITION pos = m_listShape. GetHeadPosition();
    DRAG_STATE state = NONE;
    while (pos)
    {
        CShape * pShape = (CShape * )m_listShape. GetNext(pos);
        if ( pShape -> IsSelected() )
            state = pShape -> StretchState(pt);
    }
    return state;
}


BOOL CShapeManage::Stretch(DRAG_STATE state, POINT ptOffset)
{
    if ( CPoint(0,0) == ptOffset )   return FALSE;
    if( state -- NONE || state == INSHAPE) return FALSE;
    POSITION pos = m_listShape. GetHeadPosition();
    while (pos)
    {
        CShape * pShape = (CShape * )m_listShape. GetNext(pos);
        if ( pShape -> IsSelected() )
            pShape -> Stretch(state,ptOffset);
    }
    return TRUE;
}
```

距离实现最后的拉伸效果,只有一步之遥了,即在主界面程序增加工具栏,并修改鼠标消息响应函数。方法类似与上一小节,这里不重复了。

为了更直观的显示鼠标是否放在控制点上,可以为通过修改鼠标样式来实现。具体操作步骤是:首先把鼠标添加到资源,然后用 AfxGetApp() -> LoadCursor() 从资源获取鼠标句柄 HCURSOR，之后使用 SetCursor( )设置即完成。部分源代码如下：

```
    m_stateStretch =
GetDocument( ) -> m_ShapeManage. StretchState( point) ;
//判断拉伸方向,修改鼠标箭头
    if( NONE ! = m_stateStretch)
    {
        HCURSOR hcursor;
        switch( m_stateStretch)
        {
            case TOP_LEFT:
            case BOTTOM_RIGHT:
                hcursor = AfxGetApp( ) -> LoadCursor( IDC_CURSOR_SIZE2) ;
                    break;
            ……//省略其他的情况
            case RIGHT:
            case LEFT:
                hcursor = AfxGetApp( ) -> LoadCursor( IDC_CURSOR_SIZE3) ;
                break;
            case INSHAPE:
                hcursor = AfxGetApp( ) -> LoadCursor( IDC_CURSOR_MOVE) ;
                break;
            default:
                break;
        }
        SetCursor( hcursor) ;
```

添加拉伸图元代码之后,编译运行程序,运行示例如图8-2所示。

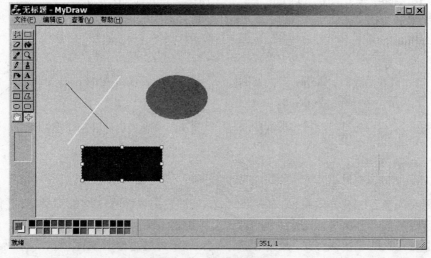

图8-2　拉伸图元演示

8.3　图元编组技术

所谓编组,就是将若干图元编成一组便于进行图元的编辑操作。编组分为弱编组(weak group)和强编组(strong group)两种。

弱编组是临时的,组内各成员在链表中位置不变。一旦鼠标点在成员拾取区域以外则自动解组。用鼠标框选就是一种弱编组,可以对所有选中的图元一起移动等操作。

强编组是将若干图元组成一个新的图元实体,该图元在链表中的位置以顺序号较大的为准。该图元组不会自动解组,只能手工解组。将多个图元强编组形成的新的图元,我们称为子图,也可以称为图例。子图对于组织一个实用的矢量绘图系统是必不可少的,比如,PowerPoint 中的组合和 AutoCAD 中的块(Block)都是子图。

在一个矢量绘图系统中,对子图的管理可分为两个方面:一方面是对子图的图形元素组成进行管理,即通过建立一个结构来管理一个子图是由哪些图形元素组成的,以及各个图形元素的参数。另外一方面是管理把子图插入到矢量图形中所形成的具体子图对象。子图的管理和绘制等各方面都比较复杂,本节只介绍子图管理的实现思路和基本结构,读者可以在此基础上实现子图的制作和管理功能。

8.3.1　子图类的组织

一个子图 CGroup 类本身也是一个图形元素类,所以它也是 CShape 类的派生类,同样有绘制函数 Draw、移动 MoveOffset、拉伸 Stretch、是否可以选中 IsInArea 以及串行化函数 Serialize 等一般图形元素类具有的函数。

另外,子图中需要管理组成子图的所有图形元素,这里我们用一个 CObList 对象来管理子图中的组成元素对象。为了管理图元,需要加入新图元到子图以及从子图中移除图元对象等对子图中图形元素管理的函数。CGroup 参考源代码列表如下:

```
class AFX_CLASS_EXPORT CGroup  : public CShape
{
public:
    DECLARE_SERIAL( CGroup )

public:
    CGroup( );
    virtual  ~CGroup( );
    void Draw ( CDC* pDC );//画子图操作
    virtual void Serialize ( CArchive& ar );//串行化函数
    BOOL IsInArea ( CPoint pt );
            //判断点 pt 是否在子图中,即点选选中子图的依据
    void Update ( );//更新子图即子图组成成员属性
    BOOL MoveOffset ( CPoint ptOffset );// 子图平移
    void MoveUpdate ( CPoint pt );//移动时更新子图属性
```

```
    BOOL Stretch (DRAG_STATE state, POINT ptOffset);
                    // 根据拖拽点对子图拉伸 ptOffset 偏移量
    void AddNew (CShape * pObj);//追加图元对象至子图中
    CShape * RemoveTail ();//移除最后一个追加的图元
    CObList m_listMembers;//编组中图元的对象列表
};
```

8.3.2 图形元素管理类编组功能

为了使图形元素管理类具有编组的功能,为 CShapeManage 类添加 Group() 编组与 DeGroup() 撤销编组两个函数。在 Group() 函数中,把所有选中的图元对象添加到子图列表中,并把它们从图元列表中删除,即将图元列表中把选中的图元转移到子图中,同时返回选中的图元个数。在 DeGroup() 函数中,首先判断是否是 Group 类的对象,如果是且被选中,则进行编组时的反过程,以完成撤销编组的功能。源代码列表如下:

```
//ShapeManage. cpp
//编组所以选中的图元,返回子图中图元个数
// 有两个或者以上的图元被选中,才能调用 Group 函数
int CShapeManage::Group()
{
    int nRet = 0;
    CGroup * pGroup = new CGroup;
    POSITION pos = m_listShape. GetHeadPosition();
    POSITION posCurrent = NULL;
    while (pos)
    {
        posCurrent = pos;
        CShape * pShapeObj = (CShape *)m_listShape. GetNext(pos);
        if( pShapeObj -> IsSelected())
        {
            pGroup -> AddNew(pShapeObj);
            pShapeObj -> KillSelected();
            m_listShape. RemoveAt(posCurrent);
            nRet ++ ;
        }
    }
    pGroup -> SetSelected();
    m_listShape. AddTail(pGroup);
    return nRet;
}
BOOL CShapeManage::DeGroup()
```

```
}//撤销选中图元的子图编组
    POSITION pos = m_listShape. GetTailPosition( );
    POSITION posCurrent = NULL;
    while( pos)
    {
        posCurrent = pos;
        CShape * pObj = ( CShape * ) m_listShape. GetPrev( pos);
        if( pObj -> GetRuntimeClass( ) == RUNTIME_CLASS( CGroup))
            if( pObj -> IsSelected( ) )
            {
                CGroup * pGroup = ( CGroup * )pObj;
                pObj = pGroup -> RemoveTail( );
                while ( pObj)
                {
                    pObj -> SetSelected( );
                    m_listShape. InsertAfter( posCurrent, pObj);
                    pObj = pGroup -> RemoveTail( );
                }
                m_listShape. RemoveAt( posCurrent);
                delete pGroup;
                pGroup = NULL;
            }
    }
    return TRUE;
}
```

8.3.3　弹出式菜单

编组和解组的选择考虑使用鼠标右键弹出菜单方式。为了实现弹出式菜单,首先需要制作菜单资源,如图 8 - 3 所示。新建一个菜单资源,ID 为:IDR_MENU_POPUP,如图添加菜单项,编组和撤销编组的 ID 号分别是 ID_MENUITEM_GROUP 和 ID_MENUITEM_DEGROUP。

然后,为编组和撤销编组添加消息响应函数 OnMenuitemGroup( ) 和 OnMenuitem Degroup( )。源代码列表如下:

```
void CMyDrawView: : OnMenuitemGroup( )
{
    GetDocument( ) -> m_ShapeManage. Group( );
    m_nNumSelected = 1;
    Invalidate( );
}
```

```
void CMyDrawView::OnMenuitemDegroup()
{
    GetDocument() -> m_ShapeManage. DeGroup();
    Invalidate();
}
```

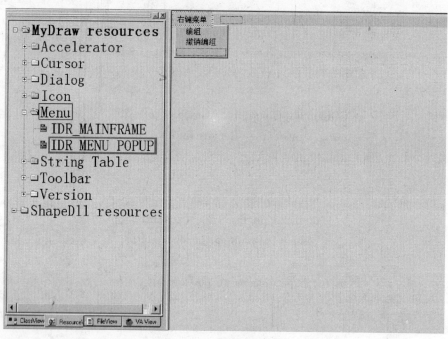

图8-3 右键菜单资源

最后,在添加鼠标右键 UP 消息响应函数,在其中添加代码弹出右键菜单。源代码列表如下:

```
void CMyDrawView::OnRButtonUp( UINT nFlags, CPoint point)
{
    CMenu menu;//菜单对象
    menu. LoadMenu(IDR_MENU_POPUP);//为菜单对象载入资源
    if(m_nNumSelected < 2)//需要保证两个或以上图元被选中,才使其有效
        menu. EnableMenuItem(ID_MENUITEM_GROUP, MF_GRAYED);
    CMenu * pMenu = menu. GetSubMenu(0);//获取第一个子菜单项,即右键菜单
    ClientToScreen(&point);//把客户区坐标转换成屏幕坐标
    //显示弹出菜单
    pMenu -> TrackPopupMenu(TPM_LEFTALIGN|TPM_RIGHTBUTTON,
                            point. x, point. y, this);
    CView::OnRButtonUp(nFlags, point);
}
```

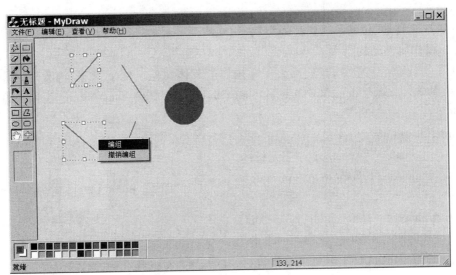

图 8-4　右键菜单编组功能演示

8.4　操作链表

在第七章中,我们介绍了矢量法中的撤销与重复的方法主要分两种,其中一种面向图元对象链表的相对简单的 UNDO/REDO,已在 7.4 节介绍过了。面向图元对象链表的 UNDO/REDO 只能撤销图元,不能对操作(如移动、拉伸等操作)进行撤销和重复的操作。而面向操作的 UNDO/REDO 才是真正意义上的撤销与重复,它能够撤销对图元的每一步操作。这一节主要介绍面向操作的撤销与重复。

8.4.1　操作基类的组织

首先,在动态库 ShapeDll 工程中设计一个 COperator 抽象类,其为所有操作类的基类,这个抽象类有 Undo 和 Redo 两个成员函数,即外部接口。抽象类没有具体实现,不能实例化。源代码列表如下:

```
class AFX_CLASS_EXPORT COperator  : public CObject
{public:
    COperator( CShapeManage * );
    virtual  ~COperator( );
    virtual BOOL Undo( ) =0; //撤销
    virtual BOOL Redo( ) =0; //重复
    BOOL m_bCanUndo;
            //TRUE 表示可以 Undo ,FALSE 表示已经不能 Undo( 即能 Redo)
    CShapeManage *  m_pShapeManage;//图元管理类的指针

};
```

8.4.2 移动、拉伸等操作类的组织

（1）操作属性结构

为了实现撤销与重复，我们需要保存操作的具体属性。便于管理，新增几个操作属性结构，如 ShapeAttr、ShapeMoveAttr 和 ShapeStretchAttr，其中 ShapeAttr 是基类。源代码列表如下：

```
struct ShapeAttr
{     CShape *   pShape; //图元指针
    ShapeAttr(CShape * p){pShape = p;}
};
struct ShapeMoveAttr :public ShapeAttr
{     POINT ptOffset; //移动偏移量
    ShapeMoveAttr(POINT pt,CShape *   p):ShapeAttr(p)
    { ptOffset = pt; }
};
struct ShapeStretchAttr :public ShapeAttr
{     DRAG_STATE emState; //拉伸方向
    POINT ptOffset; //拉伸偏移量
    ShapeStretchAttr(POINT pt,DRAG_STATE state, CShape * p)
          :ShapeAttr(p)
    { emState = state;      ptOffset = pt;}
};
```

（2）移动操作类 CDoMove

从 COperator 抽象类派生出移动操作类 CDoMove，在 CDoMove 类中 Do 函数实现移动操作，Undo/Redo 覆盖基类 COperator 中的 Undo/Redo 实现撤销移动和恢复移动的功能。另外，新增一个移动属性结构体 ShapeMoveAttr 的对象用于记录本次移动操作就具体属性。源代码列表如下：

```
//DoMove.h
class AFX_CLASS_EXPORT CDoMove : public COperator
{public:
    CDoMove();
    virtual  ~CDoMove();
    BOOL Do ( CShape * const pShape,POINT ptOffset);
    virtual BOOL Undo ();
    virtual BOOL Redo ();
protected:
    ShapeMoveAttr * m_pAttr;   //移动图元属性指针,注意在析构时 delete
};
//DoMove.cpp
```

```
CDoMove::CDoMove(CShapeManage * p):COperator(p)
{    m_pAttr = NULL;}
CDoMove::~CDoMove()
{    if(m_pAttr ! = NULL)
        delete m_pAttr;

}
BOOL CDoMove::Do( CShape * const pShape,POINT ptOffset)
{    if ( CPoint(0,0) == ptOffset )
        return FALSE;
    pShape -> MoveOffset(ptOffset);
    m_pAttr = new ShapeMoveAttr(ptOffset, pShape);
    m_bCanUndo = TRUE;
    return TRUE;

}
BOOL CDoMove::Undo()
{    if(! m_bCanUndo)
        return FALSE;
    CShape * pShape = m_pAttr -> pShape;
    CPoint ptOffset = m_pAttr -> ptOffset;
    pShape -> MoveOffset( -ptOffset); // restore old position.
    m_bCanUndo = FALSE;
    return TRUE; // Undo success.

}
BOOL CDoMove::Redo()
{    if(m_bCanUndo)   // == can not Redo´
        return FALSE;
    CShape * pShape = m_pAttr -> pShape;
    CPoint ptOffset = m_pAttr -> ptOffset;
    pShape -> MoveOffset(ptOffset); // redo new position.
    m_bCanUndo = TRUE;
    return TRUE; // Redo success.

}
```

（3）创建和拉伸操作（CDoCreate 和 CDoStretch）

与移动操作类 CDoMove 类似,在 CDoCreate 中 Create 实现具体类型图元的创建,Undo/Redo 实现撤销与重复,在这里撤销即是简单的撤销与重复中的面向图元的撤销。源代码列表如下:

```
//DoCreate. h
class AFX_CLASS_EXPORT CDoCreate : public COperator
{public:
```

```
        CDoCreate (CShapeManage * );
        virtual  ~CDoCreate ( );
        CShape * Create (emDRAWTYPE type);
        virtual BOOL Undo ( );
        virtual BOOL Redo ( );
protected:
        ShapeAttr * m_pAttr;   //图元属性指针
};
//DoCreate. cpp
DoCreate::CDoCreate (CShapeManage * p):COperator(p)
{    m_pAttr = NULL;}
CDoCreate:: ~ CDoCreate ( )
{    if(m_pAttr !  = NULL)
         delete m_pAttr;
}
CShape * CDoCreate::Create (emDRAWTYPE type)
{    CShape * pObj = NULL;
    switch(type) //根据绘制类型,创建图元对象
    {    case LINE:
         pObj = new CLine;           break;
    case ELLIPSE:
         pObj = new CEllipse;        break;
    case RECTANGLE:
         pObj = new CRectangle;      break;
    default:         break;
    }
    if(pObj !  = NULL)
    {    m_bCanUndo = TRUE;
         m_pAttr = new ShapeAttr(pObj);
    }
    return pObj;
}
BOOL CDoCreate::Undo ( )
{    if( ! m_bCanUndo)
         return FALSE;
    CShape * pShape = m_pAttr -> pShape;
    BOOL bRet = FALSE;
    POSITION pos  = m_pShapeManage -> m_listShape. GetTailPosition( );
    while(pos !  = NULL)
```

```
    { CObject *pObj = m_pShapeManage -> m_listShape. GetAt(pos) ;
        if(pShape == pObj)
        {   m_pShapeManage -> m_listShapeRedo. AddTail(pObj) ;
            m_pShapeManage -> m_listShape. RemoveAt(pos) ;
            m_bCanUndo = FALSE;
            bRet = TRUE;
            break;
        }
    }
    return bRet;
}
BOOL CDoCreate::Redo ( )
{   if(m_bCanUndo)  // == can not Redo´
        return FALSE;
    CShape * pShape = m_pAttr -> pShape;
    BOOL bRet = FALSE;
    POSITION pos = m_pShapeManage ->
        m_listShapeRedo. GetTailPosition( ) ;
    while(pos ! = NULL)
    { CObject *pObj = m_pShapeManage -> m_listShapeRedo. GetAt(pos) ;
        if(pShape == pObj)
        {   m_pShapeManage -> m_listShape. AddTail(pObj) ;
            m_pShapeManage -> m_listShapeRedo. RemoveAt(pos) ;
            m_bCanUndo = TRUE;
            bRet = TRUE;
            brcak;
    }}
    return bRet;
}
//DoStretch. h
class AFX_CLASS_EXPORT CDoStretch : public COperator
{ public:
    CDoStretch( CShapeManage * ) ;
    virtual ~ CDoStretch( ) ;
BOOL Do( CShape * const pShape, DRAG_STATE state, POINT ptOffset) ;
    virtual BOOL Undo( ) ;
    virtual BOOL Redo( ) ;
protected:
    ShapeStretchAttr * m_pAttr;
```

```
};
```

8.4.3　修改图元管理类的 Undo/Redo

为了把 CShapeManage 类中原先的面向图元的撤销与重复,修改为面向操作的方向,首先需要添加两个链表 m_listOperator 和 m_listOperatorRedo,用于记录所有对图元的操作和 Undo 后的可 Redo 操作。当需要撤销 Undo 时,将 m_listOperator 中最后增加的操作取消,并将其转移到 m_listOperatorRedo 链表,而在 Redo 操作时,则将 m_listOperatorRedo 链表中最后移入的操作执行,并将其转回到 m_listOperator 中。

其次,把所有的操作由图元管理类来完成,包括图元的创建,并将操作记录在操作列表 m_listOperator 中。所以需要修改 CShapeManage 的成员函数移动 MoveOffset 和拉伸 Stretch,在函数中改用 CDoMove 和 CDoStretch 的对象来完成移动和拉伸功能,即调用它们的 Do 函数实现。另外,需要为 CShapeManage 类添加创建图元的功能函数 CreateShape。源代码列表如下:

```
BOOL CShapeManage::MoveOffset ( POINT ptOffset )
{   if ( CPoint(0,0) == ptOffset )
        return FALSE;
    POSITION pos = m_listShape. GetHeadPosition( );
    BOOL bHaveDone = FALSE;
    while ( pos )
    {   CShape * pShape = ( CShape * )m_listShape. GetNext( pos );
        if ( pShape -> IsSelected( ) )
        {
        //   pShape -> MoveOffset( ptOffset ); //改成创建新的操作
            CDoMove * pOprt = new CDoMove;
            pOprt -> Do( pShape, ptOffset );
            m_listOperator. AddTail( pOprt );
        }
    }
    if ( bHaveDone )
    {   return TRUE;   }
    else return FALSE; // no one have been moved.
}

BOOL CShapeManage::Stretch ( DRAG_STATE state, POINT ptOffset )
{   if ( CPoint(0,0) == ptOffset )   return FALSE;
    if( state == NONE || state == INSHAPE) return FALSE;
    POSITION pos = m_listShape. GetHeadPosition( );
    while ( pos )
    {   CShape * pShape = ( CShape * )m_listShape. GetNext( pos );
        if ( pShape -> IsSelected( ) )
```

```
                {
//              pShape -> Stretch(state, ptOffset);//改成创建新的操作
                CDoStretch * pOprt = new CDoStretch;
                pOprt -> Do(pShape, state, ptOffset);
                m_listOperator. AddTail(pOprt);
                }
        }
    return TRUE;
}
CShape * CShapeManage::CreateShape (emDRAWTYPE type)//创建图元操作
{   CShape * pObj = NULL;
    CDoCreate * pOprt = new CDoCreate(this);
    pObj = pOprt -> Create(type);
    if(pObj! = NULL)
        m_listOperator. AddTail(pOprt);
    return pObj;
}
```

然后,修改图元管理类中的 Undo/Redo 函数,把原先的面向图元方式改成面向操作方式。源代码列表如下:

```
BOOL CShapeManage::Undo()       //面向操作的 Undo
{   BOOL bRet = FALSE;
    POSITION pos = m_listOperator. GetTailPosition();
    if(pos ! = NULL)
    {
        COperator * pOprt = (COperator * )m_listOperator. GetAt(pos);
        pOprt -> Undo();//多态,调用操作类的 Undo
        m_listOperatorRedo. AddTail(pOprt);
        m_listOperator. RemoveTail();
        bRet = TRUE;
    }
    return bRet;
}
BOOL CShapeManage::Redo()      //面向操作的 Redo
{   BOOL bRet = FALSE;
    POSITION pos = m_listOperatorRedo. GetTailPosition();
    if(pos ! = NULL)
    {
    COperator * pOprt = (COperator * )m_listOperatorRedo. GetAt(pos);
        pOprt -> Redo();
```

```
                m_listOperator. AddTail(pOprt);
                m_listOperatorRedo. RemoveTail();
                bRet = TRUE;
            }
        return bRet;
    }
```

最后,修改视图 View 类中的创建图元方式,即使用文档 Doc 类图元管理类对象 m_ShapeManage 的 CreateShape 函数类创建图元。我们修改 OnLButtonDown 响应函数中的创建图元代码。源代码列表如下:

```
void CMyDrawView::OnLButtonDown(UINT nFlags, CPoint point)
{    if(! m_bDrawing)
     {
            m_nPenWidth = GetPenWidth();
            m_crPenColor = GetPaintColor();
            m_crBrushColor = GetPaintColor();
            switch(m_emDrawType) //根据绘制类型,创建图元对象
            { case LINE:
    m_pShapeObj = GetDocument() -> m_ShapeManage. CreateShape(LINE);
                m_bDrawing = TRUE;//设置为处于画图的过程中
                break;
            case ELLIPSE:
    m_pShapeObj = GetDocument() -> m_ShapeManage. CreateShape(ELLIPSE);
                m_bDrawing = TRUE;// 设置为处于画图的过程中
                break;
            case RECTANGLE:
    m_pShapeObj = GetDocument() ->
                m_ShapeManage. CreateShape(RECTANGLE);
                m_bDrawing = TRUE;// 设置为处于画图的过程中
                break;
    ……//省略以下代码
    }
```

到这里,矢量绘图系统已经基本具备了面向操作的撤销与重复功能。

8.5　总　结

一个完整的类似 WORD 中绘图工具的矢量绘图系统的数据结构并不简单,学习这样的软件编写可以使我们学到软件架构的设计方法。

这几种软件设计的方法是需要我们反复磨炼和掌握的。

第一是界面设计。界面是与用户交互的接口。在交互式图形软件设计中,界面的定

义应该先行,它决定着我们为用户提供什么样的功能和服务,用户又是如何与软件进行交互的。

第二是程序的基本功能。如我们绘图软件中的基本图元实现。这是软件实现的目标。在整个绘图软件的设计中,这一步可以理解为技术可行性的实验。例如本软件的 CShape 及其派生类的设计及其实现。

第三是系统结构。当界面和主要功能实现都实现了,下面就是围绕着主要功能进行的结构设计,并且进行模块的划分。VC++ 的动态库技术对于多人合作的模块化开发提供了一个很好技术手段。真正合作时还需要用到 SourceSafe 的管理工具。在我们的绘图软件中,整个绘图的主要管理者是 CShapeManage,它主要管理着 ShapeList 和 ShapeRedoList 两个链表,还有后来的 OperatorList。

第四是交互功能。为了用户很方便地使用主要功能,软件设计者必须提供方便合适的操作方式,比如我们软件中的橡皮条技术、UNDO/REDO 技术、图元拾取技术、图元编组技术等等。

在这一部分中,我们简单的介绍了如何让矢量法绘图软件系统完善的一些方法,随着软件功能的增加,还有许多细节工作要仔细考虑。为了使系统更加完善,还需要进一步扩展系统功能,简单列举如下:

① 增加更多的图形元素类,比如画弧线、随手画、各种箭头等;

② 增加对图元编组的撤销与重复;

③ 修改编组后图元的拉伸功能,实现子图中图元的相对拉伸效果;

④ 管理所有对图元的操作,比如删除图元操作、串行化操作等等,使之都能撤销与重复。

这些有待完善的地方希望读者自己尝试去做一下,也许你会发现更好的设计方法,并能对软件设计思想有更进一步的理解。

思考题

8-1　图元拾取技术的原理是什么?

8-2　如果每次只能选取一个图元又应该如何设计呢?

8-3　图元编组技术的原理是什么?

8-4　什么叫强编组? 什么叫弱编组? 它们是如何实现的?

8-5　弹出式菜单是如何实现的?

8-6　为什么要设计操作链表? 它和图元链表是什么关系?

习　题

8-1　在上一章习题的基础上实现图元的拾取技术。

8-2　在前一题的基础上,实现图元的编组技术。

8-3　在前一题的基础上,实现基于操作链表的 UNDO/REDO。

8-4　在前一题的基础上,并根据第5章串行化到文件的方法,实现 DOC 类的串行化调用 CShapeManage 的串行化,并实现矢量图形文件的保存与读取。

第四部分

软件工程与软件设计

第9章

软件工程的基本知识

9.1　概述

软件工程是一类工程。工程是将理论和知识应用于实践的科学。就软件工程而言，它借鉴了传统工程的原则和方法，以求高效地开发高质量软件。其中应用了计算机科学、数学和管理科学。计算机科学和数学用于构造模型与算法，工程科学用于制定规范、设计范型、评估成本及确定权衡，管理科学用于计划、资源、质量和成本的管理。

计算机技术发展到今天，软件工程技术已经进入一个成熟的阶段，人们对软件的需求量相当大，因此，软件工程的开发更应该具有现代性，不但要求开发周期短、适用性广，而且要求可复用性并可实现逆向工程。自20世纪80年代末以来，人们开始全面采用面向对象的技术，面向对象的程序设计和开发方法成为当今软件工程设计的主流，而UML（Unified Modeling Language，统一建模语言）融合了多种优秀的面向对象建模方法，以及多种得到认可的软件工程方法，成为当今软件系统设计中建模的主要工具。软件工程进入了UML时代。

9.1.1　软件工程的诞生

自20世纪40年代中期出现了世界上第一台计算机，就产生了程序的概念，到目前为止，计算机软件经历了三个阶段：程序设计阶段、程序系统阶段和软件工程阶段。

早期的计算机程序开发只是为了满足开发者自己的需要，随着人们对计算机使用的日趋广泛和硬件技术的日渐成熟，软件系统的复杂性超出了人们在当时的技术条件下所能驾驭的程度，用过去的软件开发方法已经远远不能满足形势的要求。到20世纪60年代末，"软件危机"变得极其严重，人们在大型的软件开发方面陷入了困境，许多重要的大型软件开发项目，如IBM OS/360和世界范围的军事命令和控制系统（WWWMCCS），在耗费了大量的人力和财力后，由于离预定目标相差太远而不得不宣布失败。

在这种情况下，Fritz Bauer首先提出了"软件工程"的概念：大型的、复杂的软件系统的开发是一项工程，必须按工程学的方法组织软件的生产与管理。软件工程指出：具有决定意义的是系统建模，而不是编程；建模是软件开发的核心，模型提供了系统的蓝图，可以把所要设计的结构和系统的行为沟通起来，并对系统的体系结构进行可视化和控制，可简化和复用；建模还可以管理风险。正是软件工程的应用，有效地缓解了软件危机。

9.1.2　软件的开发过程与建模

软件工程中,软件产品从形成概念开始,经过开发、使用和维护,直到最后退役的全过程称为软件生存周期(Software Life Cycle),它包括三个部分的八个阶段:软件计划(包括可行性研究和需求分析)、软件开发(包括概要设计、详细设计和编码实现)、软件维护(包括组装测试、确认测试以及使用和维护)。各阶段的工作按顺序开展,图9-1示出了软件开发过程的八个阶段。它们是自上而下,相互衔接的固定次序,由于其形状似多级瀑布,逐级下落,常称为"瀑布模型"。

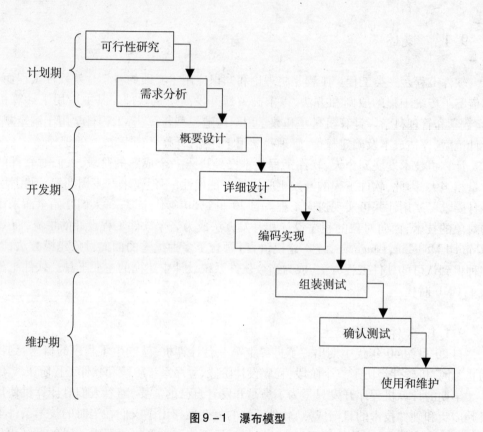

图9-1　瀑布模型

在软件的计划阶段,主要是对软件的可行性进行研究,包括经济可行性、技术可行性和法律可行性,以及方案的选择。随后,是建立软件的需求分析和设计模型。应根据不同的范型(Paradigm),采用相应的建模方法,在软件开发过程中,软件范型的选择影响了整个软件生存期,它决定了设计方法、编码语言、测试和检验技术的选择。一般情况下,软件范型可分过程性范型、面向进程的范型、面向对象范型以及混合范型。虽然,过程性范型是最成熟、历史最长的软件范型,但自80年代后期90年代初期以来,迅速发展、成熟的软件开发技术是面向对象分析与设计方法(OOA&D)。

1. 面向数据流的分析与设计

面向数据流的分析具有明显的结构化的特征,是传统结构化分析方法中的一员,其基础为数据流图和数据词典。这种设计方法是将数据流图转换为软件结构,从上到下逐层细化。这种设计方法属于过程性范型,它对那些顺序处理信息且不含层次结构的系统最为有效,如过程控制、复杂的数值分析过程等应用。

2. 面向数据的分析与设计

面向数据的分析与设计方法是面向数据结构的系统开发方法(DSSD)和 Jackson 系统开发方法(JSD)等的统称。其以数据结构为软件设计的基础,目标是产生软件的过程性描述。此方法主要吸收了某些面向数据流的技术,特点是以信息对象及其操作为核心进行需求分析(与面向对象分析相似)。此方法认为复合信息对象具有层次结构,将复合对象按顺序、选择、重复三种结构分解为成员信息对象,然后将层次信息结构映射为程序结构,得到的程序结构具有类似于"树"的结构。这种方法适用于具有明显层次结构的系统,如企事业的信息管理系统、系统软件、CAD 应用软件等。

3. 面向对象的分析与设计

软件工程原则是:抽象、信息隐藏、模块化、局部化、确定性、一致性、完备性、可验证性等,现代软件工程中非常重视模块化和软件重用。面向对象的软件设计提供了对象、方法和消息等一整套概念,使从问题空间到解空间的变换非常直观、合理,这与人们认识事物的过程完全吻合。面向对象分析与设计方法提供了抽象类型机制,将数据与数据的操作封装在一起,共同完成信息和处理的双重模块化,它的封装和继承,都完美地体现了现代软件工程这些特点。这也是当前软件工程中,面向对象软件范型一枝独秀的原因。目前,大多数软件开发组织已经从分析、设计到编程、测试阶段全面采用面向对象方法,使面向对象成为当前软件领域的主流技术。

但是,在 80 年代末至 90 年代初,过多的面向对象建模的流派,却使用户很难选择合适的建模方法,妨碍了用户的使用和交流。90 年代中期,统一建模语言 UML 的出现,使多种方法可以相互借鉴、相互融合、走向标准化,很好地实现了可视化、详述、构造和文档化的面向对象的分析与设计,许多软件开发组织开始用它进行系统建模,学习和使用 UML 成为一种潮流。

9.2 可行性研究与需求分析

9.2.1 可行性研究

可行性研究的任务是从技术上、经济上、实用上、法律上分析需解决的问题是否存在可行性。其目的是用最小的代价在尽可能短的时间内确定问题是否能够解决。也就是说,可行性研究的目的不是解决问题,而是确定问题是否值得去解,研究在当前的具体条件下,开发新系统是否具备必要的资源和其他条件。在进行可行性分析时,通常要先研究目前正在使用的系统,然后根据待开发系统的要求导出信息高层逻辑模型。有时可提出几个供选择的方案,并对每个方案从技术上、经济上、实用上、法律上进行可行性分析,在对各方案进行比较后,选择其中的一个作为推荐方案,并说明理由。分析人员应该为推荐的方案草拟一份软件开发计划。软件开发计划是根据用户提出的功能性要求、开发时间和费用的限制而制定的,它要说明该项目需要的硬件资源和软件资源、需要的开发人员的层次和数量、项目开发费用的估算、开发进度的安排等。

一般说来,应从经济可行性、技术可行性、操作可行性、法律可行性和开发方案可行性等方面研究可行性。

（1）经济可行性

估计开发费用以及新系统可能带来的收益,将两者进行权衡,看结果是否可以接受。

（2）技术可行性

对要求的功能、性能以及限制条件进行分析,看是否能够做成一个可接受的系统。所考虑的因素通常还应包括开发的风险,是否能够得到需要的软件和硬件资源,以及一个熟练的有能力的开发队伍,另外与系统开发有关的技术是否足以支持系统的研制。技术可行性的估计,需要有经验的人员去完成。

（3）操作可行性

判断系统的操作方式在该用户组织内是否可行。

可行性研究的结果是部门负责人做出是否继续进行这项工程决定的重要依据。一般来说,只有投资可能取得较大效益的那些工程项目才值得继续进行下去。可行性研究以后的那些阶段将需要投入更多的人力物力。及时中止不值得投资的工程项目,可以避免更大的浪费。

9.2.2　需求分析

在确定软件开发可行的情况下,需进一步对软件需要实现的各个功能进行详细分析。软件的需求分析是开发期的第一个阶段,也是一个很重要的阶段,这一阶段做得好,将为整个软件开发项目的成功打下良好的基础。

1. 需求分析的任务

需求分析的基本任务是,用户和分析人员双方共同来理解系统的需求,并将共同的理解形成一份文件,即软件需求说明书。

需求分析是一项重要的工作,也是困难的工作。该阶段是用户与软件人员双方讨论协商的阶段,由用户提出问题,软件开发人员给出问题的解答。确定用户的最终需求是一件很困难的事,主要原因如下:

① 用户说不清楚需求。有些用户对需求只有朦胧的感觉,当然说不清楚具体的需求。例如全国各地的很多部门、机构、单位在进行应用系统以及网络建设时,用户方的办公人员大多不清楚计算机网络有什么用,更缺乏 IT 系统建设方面的专家和知识。此时,用户就会要求软件系统分析人员替他们设想需求。因此,工程的需求存在一定的主观性,为项目未来建设埋下了潜在的风险。

② 需求自身经常变动。随着用户方对信息化建设的认识和自己业务水平的提高,他们会在不同的阶段和时期对项目的需求提出新的要求和需求变更。事实上,历史上没有一个软件的需求改动少于三次的！所以必须接受“需求会变动”这个事实,在进行需求分析时要懂得防患于未然,尽可能地分析清楚哪些是稳定的需求,哪些是易变的需求,以便在进行系统设计时,将软件的核心建筑在稳定的需求上,同时留出变更空间。

③ 分析人员或用户理解有误。软件开发人员不可能都是全才,更不可能是行业方面的专家,用户的业务活动和业务环境对他们来说是不熟悉的,不易完全理解用户的需求,

甚至误解用户的需求。有时开发人员往往急于求成,于是在未明确软件系统应该"做什么"的情况下,就开始进行设计、编程,而用户则不清楚软件人员在设计怎样的一个系统,直至系统完成交付用户之后,才发现它不符合要求,但这为时已晚。如果在需求分析产生一个错误,这个错误发现越晚,则花的代价越高。因此需求分析人员需从与用户的交流中,不断地挖掘,并加以整理,才能得到想要的需求。

2. 需求分析的方法

进行需求分析首先是调查清楚用户的实际需求,与用户达成共识,然后分析与表达这些需求。需求分析的工作方法应该定位在"三个阶段"。

第一阶段:"访谈式"(Visitation)

这一阶段是与具体客户方的领导层、业务层人员进行访谈式沟通,主要目的是从宏观上把握用户的具体需求方向和趋势,了解对方现有的组织架构、业务流程、硬件环境、软件环境、现有的运行系统等具体情况和客观信息,建立起良好的沟通渠道和方式。针对具体的职能部门,最好能指定本次项目的接口人。

第二阶段:"诱导式"(Inducement)

这一阶段是在承建方已经了解了客户方组织架构、业务流程、硬件环境、软件环境、现有的运行系统等具体的、实际的和客观的信息的基础之上,结合现有的硬件、软件实现方案,做出简单的用户流程界面,同时结合以往的项目经验对用户采用诱导式、启发式的调研方法和手段,与用户一起探讨业务流程设计的合理性、准确性、便易性、习惯性。用户可以操作简单演示的 DEMO,来感受一下整个业务流程的设计合理性、准确性等等问题,及时地提出改进意见和方法。

第三阶段:"确认式"(Affirm)

这一阶段是在上述两个阶段成果的基础上,进行具体的流程细化、数据项确认。这个阶段承建方必须提供原型系统和明确的业务流程报告、数据项表,并能清晰地向用户描述系统的业务流设计目标。用户方可以通过审查业务流程报告、数据项表以及操作承建方提供的 DEMO 系统,来提出反馈意见,并对已经可接受的报告、文档签字确认。

整体来讲,需求分析的三个阶段是需求调研中不可忽视一个重要的部分,三个阶段的实施和采用,对用户和承建方都同样提供了项目成功的保证。当然在系统建设的过程中,特别在采用迭代法开发模式时,需求分析的工作需一直进行下去,而在后期的需求改进中,工作则基本集中在后两个阶段中。

3. 结构化分析方法

调查了解了用户需求以后,还需要进一步分析和表达用户的需求。在众多的分析方法中结构化分析 (SA,Structured Analysis)方法是一种简单实用、使用很广的方法。SA 方法是面向数据流进行需求分析的方法。SA 也是一种建模活动,该方法使用简单易读的符号,根据软件内部数据传递、变换的关系,自顶向下逐层分解,描绘出满足功能要求的软件模型。

面对一个复杂的问题,分析人员不可能一开始就考虑到问题的所有方面以及全部细节,采用的策略往往是分解,把一个复杂的问题划分成若干小问题,然后再分别解决,将问题的复杂性降低到人可以掌握的程度(如图 9-2 所示)。

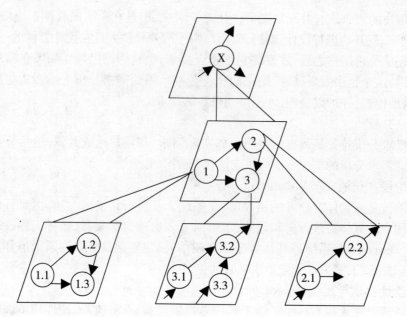

图9-2 对一个问题的自顶向下逐层分解

SA 方法利用图形等半形式化的描述方式表达需求,简明易懂,用它们形成需求说明书中的主要部分。

SA 方法的描述工具是:

• 数据流图:用于描述系统由哪几部分组成,各部分之间有什么联系等等。

• 数据字典:定义了数据流图中每一个图形元素。

• 描述加工逻辑的结构化语言、判定表、判定树:详细描述数据流图中不能被再分解的每一个加工。

结构化分析的步骤如下:

① 了解当前系统的工作流程,获得当前系统的物理模型。通过对当前系统的详细调查,了解当前系统的工作过程,同时收集资料、文件、数据、报表等,将看到的、听到的、收集到的信息和情况用图形描述出来。也就是用一个模型来反映自己对当前系统的理解,如画系统流程图。

② 抽象出当前系统的逻辑模型。物理模型反映了系统"怎么做"的具体实现,去掉物理模型中非本质的因素,抽取出本质的因素,构造出当前系统的逻辑模型。逻辑模型反映了当前系统"做什么"的功能。

③ 建立目标系统的逻辑模型。分析、比较目标系统与当前系统逻辑上的差别,明确目标系统到底要"做什么",从而从当前系统的逻辑模型导出目标系统的逻辑模型,并作进一步补充和优化。为了对目标系统做完整的描述,还需要对得到的逻辑模型作一些补充。

4. 数据流图

数据流图是描述系统中数据流程的图形工具,它标识了一个系统的逻辑输入和逻辑输出以及把逻辑输入转换为逻辑输出所需要的加工。数据流图由四种基本成分组成,分别为数据流、加工、数据存储和源点终点,如图9-3所示。

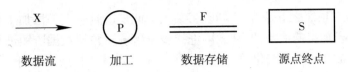

图 9-3 数据流图的基本成分

(1)数据流

数据流是由一组固定成分的数据组成,表示数据的流向。值得注意的是,数据流图中描述的是数据流,而不是控制流。除了流向数据存储或从数据存储流出的数据不必命名外,每个数据流必须要有一个合适的名字,以反映该数据流的含义。

(2)加工

加工描述了输入数据流到输出数据之间的变换,也就是输入数据流经过什么处理后变成了输出数据。每个加工都有一个名字和编号,编号能反映该加工位于分层的数据流图的哪个层次和哪张图中,能够看出它是由哪个加工分解出来的子加工。

(3)数据存储

数据存储表示暂时存储的数据。每个数据存储都有一个名字。

(4)源点终点

源点和终点(又称端点)是系统外的实体。它们存在于环境之中,与系统有信息交流,从源点到系统的信息叫系统的输入;从系统到终点的信息称系统的输出。端点可以是人或其他系统,源点和终点的表达不必很严格,它只是起到注释作用,补充说明系统与其他外界环境的联系。

一个实际的软件系统是非常复杂的,为了表示它们的信息流向和加工,用一套分层的数据流图来描述,数据流图有顶层、中间层、层底之分。

① 顶层:顶层决定了系统的范围和输入输出数据流,把整个系统的功能抽象为一个加工。顶层数据流图只有一张,如图9-4所示。

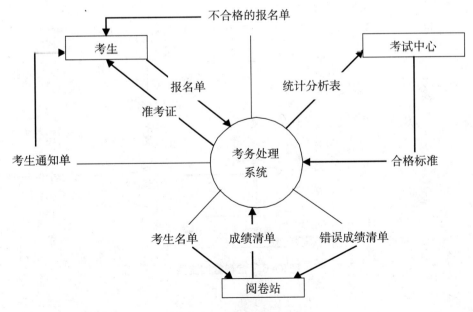

图 9-4 顶层数据流图

② 中间层：顶层之下是若干中间层，某一中间层既是它上一层加工分解的结果，又是它下一层若干加工的抽象，即它又可进一步分解。对顶层数据流图进行分解时，应该在数据流的组成和值发生变化的时候画一个加工。当某些数据一起到达，并且一起进行加工时，那么这些数据的集合就是一个数据流。当数据不会马上被加工，那么它们需要被组织成为一个数据存储，如图 9-5 所示。

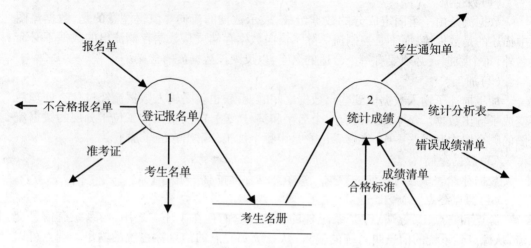

图 9-5 中间层数据流图

③ 底层：若一张数据流图的加工不能进一步分解，这张数据流图就是底层数据流图。因此，底层数据流图是由基本加工构成的，所谓基本加工是指不能再进行分解的加工。如图 9-6 对图 9-5 的第一个加工进行细分：

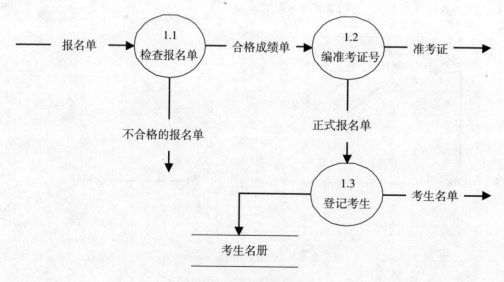

图 9-6 底层数据流图

5. 数据字典

数据流图描述软件系统的信息流向和加工,但并没有对各个成分进行详细说明,SA方法使用数据字典对这些成分进行详细说明。数据流图中数据流名、数据存储名、数据项名、基本加工名的严格定义的集合构成了数据字典。数据字典是 SA 方法中重要的工具之一,并与数据流图配套,缺一不可。数据字典通常包括数据项、数据流、数据存储和处理过程四个部分。

(1) 数据项

数据项是不可再分的数据单位。对数据项的描述通常包括以下内容:

- 数据元素名
- 类型
- 长度
- 取值范围
- 相关的数据元素及数据结构

其中,"取值范围"和"相关的数据元素及数据结构"定义了数据的完整性约束条件,是设计数据检验功能的依据。

(2) 数据流

数据流是数据结构在系统内传输的路径。对数据流的描述通常包括以下内容:

- 数据流名
- 说明:简要介绍数据流作用,即它产生的原因和结果
- 数据流来源:来自何方
- 数据流去向:去向何处
- 数据流组成:数据结构
- 数据量流通量:数据量,流通量
- 高峰值:高峰时期的数据流量

其中,"数据流来源"是说明该数据流来自哪个过程;"数据流去向"是说明该数据流将到哪个过程去;"数据量流通量"是指在单位时间里的传输次数。

(3) 数据存储

数据存储是数据结构停留或保存的地方,也是数据流的来源和去向之一。它可以是手工文档或手工凭单,也可以是计算机文档。对数据存储的描述通常包括以下内容:

- 数据文件名
- 简述:说明存放的是什么数据
- 输入数据
- 输出数据
- 数据文件组成:数据结构
- 存储方式:顺序,直接,关键码
- 存取频率

其中,"输入数据"是指出其来源,"输出数据"是指出其去向;"存取方式"包括批处理还是联机处理、是检索还是更新、是顺序检索还是随机检索等;"存取频率"是指每小时或每天或每周存取几次、每次存取多少数据等信息。

(4)加工

加工中的加工逻辑一般用判定表或判定树来描述。数据字典中只需要描述加工的说明性信息,通常包括以下内容:

- 加工名
- 加工编号:反映该加工的层次
- 简要描述:功能简述
- 激活条件
- 加工逻辑:简述加工程序,加工顺序

其中,"简要描述"中主要说明该加工的功能及处理要求;"加工逻辑"是基本加工条目中的一项重要内容,有三种工具来描述加工逻辑:结构化语言,判定表,判定树。结构化语言是描述加工逻辑的常用工具,它是介于自然语言和形式语言之间的一种语言。在描述加工逻辑时,如果有一系列逻辑判断,用结构化语言描述就不直观,也不简捷,这时可用判定表或判定树来描述。

数据字典作为分析阶段的工具,有助于改进分析人员和用户间的沟通,进而消除很多的误解,同时也有助于改进不同开发人员之间的沟通。开发人员如果都能按数据字典描述的数据设计模块,则能避免许多因数据不一致而造成的麻烦。此外,数据字典对于应用系统中的数据库设计也起着重要作用。

9.3 概要设计

9.3.1 概要设计概述

需求分析阶段是解决软件系统"做什么"的问题,开发阶段是解决软件系统"如何做"的问题,即软件系统的功能、性能如何实现,最后应得到软件设计说明书。开发阶段是较为重要的阶段,设计质量的好坏直接影响到软件系统的可靠性。开发阶段主要分为概要设计和详细设计。

概要设计描述了软件总的体系结构,简单地说软件概要设计就是设计出软件的总体结构框架。而后对结构的进一步细化的设计就是软件的详细设计或过程设计。

概要设计的目的是将软件系统需求转换为未来系统的设计,逐步开发强壮的系统构架,使设计适合于实施环境。概要设计的任务是制定规范,规范包括代码体系、接口规约和命名规则,它是项目小组今后共同作战的基础。有了开发规范以及程序模块之间和项目成员彼此之间的接口规则、方式方法,大家就有了共同的工作语言、共同的工作平台,使整个软件开发工作可以协调有序地进行。

9.3.2 概要设计方法

结构化设计(Structured Design,SD)方法是概要设计的一种方法。它以需求阶段产生的数据流图为基础,按一定的步骤映射成软件结构。SD方法的基础是数据流图,几乎所有软件都能表示为数据流图,所以在理论上可适用于任何软件的开发工作。它是目前使用最广泛的软件设计方法之一。

　　结构化设计方法首先要研究数据流图(DFD)的类型。无论何种软件系统,DFD 一般都可分为变换型和事务型两类。变换型和事务型的数据流图形式如图9-7 所示。

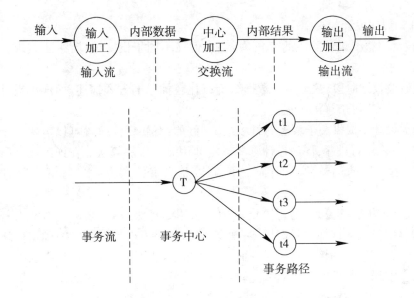

图9-7　变换型和事务型的数据流图形式

　　变换型数据流图,顾名思义,变换就是把输入的数据处理后变成另外的数据输出,因此有输入流、输出流、变换流三部分。在输入流中,信息由外部数据转换为内部形式进入系统;在变换流中,对内部形式的信息进行一系列加工处理,得到内部形式的结果;在输出流中,信息由内部形式的结果转换为外部形式数据流出系统。

　　事务型数据流图,所谓事务也是一个处理,但不是数据变换,而是将输入数据流分离成许多发散的数据流,形成许多加工路径,并根据值选择其中一个路径来执行。举个例子,好比有一个邮件分发中心,把收进的邮件根据其发送地址进行分流,有的用飞机邮送,有的用汽车来运输等等。

　　在大型软件系统中的 DFD 数据流图中,这两种类型特征都有可能存在。

9.3.3　概要设计过程

　　用 SD 方法进行概要设计的过程大致如下:

① 分析、确认数据流图的类型,区分是事务型还是变换型;

② 指出各种信息流的流界;

③ 把数据流图映射为程序结构;

④ 开发接口描述和全程数据描述。

　　用 SD 方法设计的程序系统,由于模块之间是相对独立的,所以每个模块可以独立地被理解、编程、测试、排错和修改,这就使复杂的研制工作得以简化,此外,模块的相对独立性也能有效地防止错误在模块之间扩散蔓延,因而提高了系统的可靠性。

9.4 详细设计与编码

9.4.1 详细设计

详细设计以概要设计阶段的工作为基础,但又不同于概要设计,主要表现为以下两个方面:

① 在概要设计阶段,数据项和数据结构以比较抽象的方式描述,而详细设计阶段则应在此基础上给出足够详细描述。

② 详细设计要提供关于算法的更多细节,例如:概要设计阶段可以声明一个模块的作用是对一个表进行排序,详细设计则要确定使用哪种排序算法。在详细设计阶段为每个模块增加了足够的细节后,程序员才能够以相当直接的方式进行下一阶段的编码工作。

详细设计的主要任务是,为每个模块确定采用的算法,选择某种适当的工具表达算法的过程,写出模块的详细过程性描述;确定每一模块使用的数据结构;确定模块接口的细节,包括对系统外部的接口和用户界面,对系统内部其他模块的接口,以及模块输入数据、输出数据及局部数据的全部细节。

详细设计的工具有:

● 图形工具:利用图形工具可以把过程的细节用图形描述出来。如:程序流程图,N – S,PAD,HIPO。

● 表格工具:可以用一张表来描述过程的细节,在这张表中列出各种可能的操作和相应的条件。

● 语言工具:用某种高级语言(称之为伪码)来描述过程的细节。如:PDL(伪码)。

9.4.2 编码实现

软件开发的最终目标,是产生能在计算机上执行的程序。分析阶段和设计阶段产生的文档,都不能在计算机上执行,只有到了编程阶段,才产生可执行的代码,把软件的需求真正付诸实践。所以编程阶段也称为实现阶段。编程的任务是为每个模块编写程序,也就是将模块的逻辑描述转换成某种程序设计语言编写的程序。在程序编码中必须要制定统一,符合标准的编写规范,以保证程序的可读性、易维护性,提高程序的运行效率。

1. 选择程序设计语言

程序设计语言是任何计算机通信的最基本工具,它的特点类似人的思维和解题方式,会影响人和计算机通信的方式和质量,也会影响其他人阅读和理解程序的难易程度。因此,编码之前的一项重要工作就是选择一种适当的程序设计语言。

程序设计语言已经历了五十多年的发展,其技术和方法日臻成熟。按其发展历程可分为机器语言、汇编语言和高级语言三大类。

实现一个大型的软件开发,可能需要选择一种或几种程序设计语言来完成。语言选择合适,会使编码困难减少,程序测试量减少,并且可以得到易读、易维护的软件。任何一种语言都不是"十全十美"的,因此,在选择程序设计语言时,首先明确求解的问题对编码有什么要求,并把它们按轻重次序一一列出。然后根据这些要求去衡量可使用的语言,以判断出哪些语言能较好地满足要求。

一般情况下,程序设计语言的选择常从以下几个方面考虑。

① 项目的应用领域。每种语言都有自己适用的领域。比如:在事物处理方面,CO-BOL 和 BASIC 语言是合适的选择。在实时处理领域,Ada 和汇编语言更为合适。在系统开发领域,C 语言和汇编语言是优先考虑。

② 用户的要求。用户要求使用他们熟悉的语言。

③ 可以使用的编译程序。运行目标系统的环境中可以提供的编译程序限制了对语言的选择。

④ 程序员的经验和知识。在选择语言的同时,还要考虑程序设计人员的知识水平,即它们对语言掌握的熟练程度及实践经验。程序员从学习一种新语言到熟练掌握它,需要经过一段实践,因此,应该选用程序设计人员都熟悉,并在以前的开发项目中获得成功的语言。

⑤ 软件可移植性要求。如果目标系统将在几台不同的计算机上运行,或者预期的使用寿命很长,应选择一种标准化程度高、程序可移植性好的语言,以使所开发的软件将来能够移植到不同的硬件环境下运行。

⑥ 当工程规模很大时,若没有完全合适的语言,那么编制一个专用语言可能是一个正确的决策。

2. 编码风格

选择一个良好的代码编码风格和样式,十分重要。在一个脚本以及整个项目中,如果堆积了各种风格不同的代码,一旦有工作交接,无论是新的或老的开发人员在开始会被弄得非常糊涂。

编码风格与个人的行事风格有关,开发者可能更喜欢按照自己的习惯与风格编写代码。但是在编码中有几点需要开发者注意:代码的格式、布局、隔行空白的宽度、代码中SQL 语句的规范等的编写应该遵循一定的规范,这些规定虽然并非强制性的,但为了加强代码结构的逻辑性和易读性,遵循它们是非常必要的。

(1)源程序文件

源程序中各种变量如何命名,如何加注释,源程序应按什么格式写,这对于源文件的编写风格有至关重要的作用。

① 标识符命名:标识符应包括模块名、变量名、常量名、标号名、子程序名以及数据区名、缓冲区名等。这些名字应能反映代表的实际东西,应有一定的实际意义,使其能够见名知意。本书所采用的匈牙利命名法就是一种非常标准化的方式,增加了程序的可读性,有助于对程序功能的理解。

② 程序的注释:程序中的注释是程序设计者与程序阅读者之间通信的重要手段。注释能够帮助读者理解程序,并为后续测试维护提供明确的指导信息。因此,注释是十分重要的,大多数程序设计语言提供了使用自然语言来写注释的环境,为程序阅读者带来很大的方便。注释分为功能性注释和序言性注释。

功能性注释在源程序中,用以描述其后的语句或程序段是在做什么工作,也就是解释下面要"做什么",而不是解释下面怎么做。对于书写功能性注释,要注意以下几点:第一,描述一段程序,而不是每一个语句。第二,利用缩进和空行,使程序与注释容易区别。

第三,注释要准确无误。

序言性注释通常位于每个程序模块的开头部分,它给出程序的整体说明,对于理解程序具有引导作用。有些软件开发部门对序言性注释做了明确而严格的规定,要求程序编制者逐项列出。内容包括:程序标题;有关该模块功能和目的的说明;主要算法。接口说明:包括调用形式,参数描述,子程序清单;有关数据描述;模块位置(在哪一个源文件中,或隶属于哪一个软件包);开发简历:模块设计者、复审考、复审日期。

③ 源程序书写格式:用标准的书写格式,源程序清单的书写建议采用以下几点:

• 每行只写一条语句;

• 用分层缩进的写法显示嵌套结构层次,这样可使程序的逻辑结构更加清晰,层次更加分明;

• 书写表达式时适当使用空格或圆括号作隔离符;

• 在注释段周围加上边框;

• 注释段与程序段以及不同的程序段之间插入空行。

(2)数据说明

在编写程序时,要注意数据说明的风格。

数据说明的次序如果规范,将有利于测试,排错和维护。首先说明的先后次序要固定,例如,按常量说明、简单变量类型说明、数据块说明的顺序说明。当然在类型说明中还可进一步要求,例如按如下顺序排列:整型量说明、实型量说明、字符量说明、逻辑说明。其次当用一个语句说明多个变量名时,应当对这些变量按字母的顺序排列。最后对于复杂数据结构,应利用注释说明实现这个数据结构的特点。

(3)输入/输出方法

输入/输出的方式和格式应当尽量避免因设计不当给用户带来的麻烦。这就要求,源程序的输入/输出风格必须满足能否被用户接受这一原则。所以在设计程序时,应考虑以下原则:输入数据时,要使输入的步骤和操作尽可能简单,应允许使用自由格式输入;应允许缺省值;对输入的数据要进行检验,以保证每个数据的有效性。

9.5　软件测试

不论采用什么技术和什么方法,软件中仍然会有错。采用新的语言、先进的开发方式、完善的开发过程,可以减少错误的引入,但是不可能完全杜绝软件中的错误,这些引入的错误需要测试来找出,软件中的错误密度也需要测试来进行估计。

测试是所有工程学科的基本组成单元,是软件开发的重要部分。自有程序设计的那天起测试就一直伴随着。统计表明,在典型的软件开发项目中,软件测试工作量往往占软件开发总工作量的40%以上。而在软件开发的总成本中,用在测试上的开销要占30%到50%。如果把维护阶段也考虑在内,讨论整个软件生存期时,测试的成本比例也许会有所降低,但实际上维护工作相当于二次开发,乃至多次开发,其中必定还包含有许多测试工作。因此,测试对于软件生产来说是必需的,软件测试是软件开发过程的重要组成部分。

软件测试是用来确认一个程序的品质或性能是否符合开发之前所提出的一些要求。

软件测试的目的决定了如何去组织测试。如果测试的目的是为了尽可能多地找出错误，那么测试就应该直接针对软件比较复杂的部分或是以前出错比较多的位置。如果测试目的是为了给最终用户提供具有一定可信度的质量评价，那么测试就应该直接针对在实际应用中会经常用到的商业假设。不同的机构会有不同的测试目的，相同的机构也可能有不同测试目的，可能是测试不同区域或是对同一区域的不同层次的测试。测试人员在软件开发过程中的任务是寻找 Bug，避免软件开发过程中的缺陷，衡量软件的品质，关注用户的需求。

9.5.1 软件测试原则

软件测试从不同的角度出发会派生出两种不同的测试原则，从用户的角度出发，就是希望通过软件测试能充分暴露软件中存在的问题和缺陷，从而考虑是否可以接受该产品，从开发者的角度出发，就是希望测试能表明软件产品不存在错误，已经正确地实现了用户的需求，确立人们对软件质量的信心。

为了达到上述的原则，那么需要注意以下几点：

① 应当把"尽早和不断的测试"作为开发者的座右铭。软件缺陷存在放大效应，例如需求阶段遗留的一个错误，到了设计阶段可能已经引发了多个设计错误，虽然每个阶段的放大倍数不同，但是放大却是必然的。因此在成熟的软件开发过程模型中，软件测试已经不再是系统开发完成后才进行的活动，它应贯穿于软件生命周期各个阶段中，从而尽早发现并预防错误，把出现的错误克服在早期，杜绝某些发生错误的隐患。

② 程序员应该避免检查自己的程序，测试工作应该由独立的专业的软件测试机构来完成。因为，程序员对软件规格说明理解错误而引入的错误则更难发现。如果由别人来测试程序员编写的程序，则会更客观，更有效，并更容易取得成功。

③ 设计测试用例时应该考虑到合法的输入和不合法的输入以及各种边界条件，特殊情况下要制造极端状态和意外状态，比如网络异常中断、电源断电等情况。合理的输入是指能验证程序正确的输入，而不合理的输入是指异常的、临界的、可能引起问题异常的输入。在测试程序时，人们常常考虑合法的、常规的输入，以检查程序是否按要求正常运行而得到预期结果。事实上，软件在交付使用后，用户的操作常常不规范，不完全遵循输入约定而使用了一些意外的输入。因此，软件测试时必须对系统处理非法输入的能力进行检验，即对软件进行异常测试，从而使软件测试具有完整性。

④ 一定要注意测试中的错误集中发生现象，这和程序员的编程水平和习惯有很大的关系。实践证明，一般认为 80% 的问题存在于 20% 的程序中。根据这个规律，应当对错误集中的程序段进行重点测试，以提高测试投资的效益。

⑤ 对测试错误结果一定要有一个确认的过程，一般由 A 测试出来的错误，一定要由 B 来确认，严重的错误可以召开评审会进行讨论和分析。

⑥ 制定严格的测试计划，并把测试时间安排的尽量宽松，不要希望在极短的时间内完成一个高水平的测试。专业的测试必须以一个好的测试计划作为基础。尽管测试的每一个步骤都是独立的，但是必定要有一个起到框架结构作用的测试计划。测试的计划应该作为测试的起始步骤和重要环节。一个测试计划应包括：产品基本情况调研、测试需求说明、测试策略和记录、测试资源配置、计划表、问题跟踪报告、测试计划的评审、结

果等等。

⑦ 回归测试的关联性一定要引起充分的注意,修改一个错误而引起更多的错误出现的现象并不少见。一个程序中的任何修改可能会影响其他部分的程序,即使是一个很小的修改,如果不加测试就投入使用,那么将会带来更大的失败。回归测试是确保应用程序发生变化后不会反过来影响已有的功能行为,测试人员需要根据程序修改产生的影响,重新选择和设计测试用例,从而保证所交付产品的质量。

⑧ 妥善保存一切测试过程文档,意义是不言而喻的,测试的重现性往往要靠测试文档。

9.5.2　软件测试的基本方法

软件测试的方法和技术是多种多样的。对于软件测试技术,可以从不同的角度加以分类:从是否需要执行被测软件的角度,可分为静态测试和动态测试。从测试是否针对系统的内部结构和具体实现算法的角度来看,可分为白盒测试和黑盒测试。

1. 黑盒测试

黑盒测试也称功能测试或数据驱动测试,它是已知产品所应具有的功能,通过测试来检测每个功能是否都能正常使用。在测试时,把程序看作一个不能打开的黑盒子,在完全不考虑程序内部结构和内部特性的情况下,测试者在程序接口进行测试,它只检查程序功能是否按照需求规格说明书的规定正常使用,程序是否能适当地接收输入数据而产生正确的输出信息,并且保持外部信息(如数据库或文件)的完整性。

黑盒测试法注重于测试软件的功能需求,主要试图发现下列几类错误:功能不正确或遗漏,界面错误,数据库访问错误,性能错误,初始化和终止错误等。

从理论上讲,黑盒测试只有采用穷举输入测试,把所有可能的输入都作为测试情况考虑,才能查出程序中所有的错误。实际上测试情况有无穷多个,人们不仅要测试所有合法的输入,而且还要对那些不合法但可能的输入进行测试。这样看来,完全测试是不可能的,所以我们要进行有针对性的测试,通过制定测试用例指导测试的实施,保证软件测试有组织、按步骤,以及有计划地进行。黑盒测试行为必须能够加以量化,才能真正保证软件质量,而测试用例就是将测试行为具体量化的方法之一。

具体的黑盒测试用例设计方法包括等价类划分法、边界值分析法、错误推测法、因果图法等。

(1)等价划分法

等价类划分的办法是把程序的输入域划分成若干部分(子集),然后从每个部分中选取少数代表性数据作为测试用例。每一类的代表性数据在测试中的作用等价于这一类中的其他值。该方法是一种重要的、常用的黑盒测试用例设计方法。

① 划分等价类:等价类划分可有两种不同的情况:有效等价类和无效等价类。

有效等价类:是指对于程序的规格说明来说是合理的,有意义的输入数据构成的集合。利用有效等价类可检验程序是否实现了规格说明中所规定的功能和性能。

无效等价类:与有效等价类的定义恰巧相反。

设计测试用例时,要同时考虑这两种等价类。因为,软件不仅要能接收合理的数据,也要能经受意外的考验,这样的测试才能确保软件具有更高的可靠性。

② 划分等价类的原则:下面给出六条确定等价类的原则:

ⅰ. 在输入条件规定了取值范围或值的个数的情况下,则可以确立一个有效等价类和两个无效等价类。

ⅱ. 在输入条件规定了输入值的集合或者规定了"必须如何"的条件的情况下,可确立一个有效等价类和一个无效等价类。

ⅲ. 在输入条件是一个布尔量的情况下,可确定一个有效等价类和一个无效等价类。

ⅳ. 在规定了输入数据的一组值(假定 n 个),并且程序要对每一个输入值分别处理的情况下,可确立 n 个有效等价类和一个无效等价类。

ⅴ. 在规定了输入数据必须遵守的规则的情况下,可确立一个有效等价类(符合规则)和若干个无效等价类(从不同角度违反规则)。

ⅵ. 在确知已划分的等价类中各元素在程序处理中的方式不同的情况下,则应再将该等价类进一步的划分为更小的等价类。

③ 设计测试用例:在确立了等价类后,可建立等价类表,列出所有划分出的等价类。然后从划分出的等价类中按以下三个原则设计测试用例:

ⅰ. 为每一个等价类规定一个唯一的编号。

ⅱ. 设计一个新的测试用例,使其尽可能多地覆盖尚未被覆盖的有效等价类,重复这一步,直到所有的有效等价类都被覆盖为止。

ⅲ. 设计一个新的测试用例,使其仅覆盖一个尚未被覆盖的无效等价类,重复这一步,直到所有的无效等价类都被覆盖为止。

(2)边界值分析法

边界值分析采用选择等价类边界测试用例的方式。边界值分析法不仅重视输入条件边界,而且也必须考虑输出域边界。它是对等价类划分方法的补充。

大量的错误是发生在输入或输出范围的边界上,而不是发生在输入输出范围的内部。因此针对各种边界情况设计测试用例,可以查出更多的错误。

使用边界值分析方法设计测试用例,首先应确定边界情况。通常输入和输出等价类的边界,就是应着重测试的边界情况。应当选取正好等于,刚刚大于或刚刚小于边界的值作为测试数据,而不是选取等价类中的典型值或任意值作为测试数据。

基于边界值分析方法选择测试用例的原则:

① 如果输入条件规定了值的范围,则应取刚达到这个范围的边界的值,以及刚刚超越这个范围边界的值作为测试输入数据。

② 如果输入条件规定了值的个数,则用最大个数,最小个数,比最小个数少一,比最大个数多一的数作为测试数据。

③ 根据规格说明的每个输出条件,使用前面的原则①。

④ 根据规格说明的每个输出条件,应用前面的原则②。

⑤ 如果程序的规格说明给出的输入域或输出域是有序集合,则应选取集合的第一个元素和最后一个元素作为测试用例。

⑥ 如果程序中使用了一个内部数据结构,则应当选择这个内部数据结构的边界上的值作为测试用例。

⑦ 分析规格说明,找出其他可能的边界条件。

（3）错误推测法

错误推测法是基于经验和直觉推测程序中所有可能存在的各种错误，从而有针对性地设计测试用例的方法。

错误推测方法的基本思想：列举出程序中所有可能有的错误和容易发生错误的特殊情况，根据它们选择测试用例。例如，在单元测试时曾列出的许多在模块中常见的错误。以前产品测试中曾经发现的错误等，这些就是经验的总结。还有，输入数据和输出数据为 0 的情况，输入表格为空格或输入表格只有一行，这些都是容易发生错误的情况。可选择这些情况下的例子作为测试用例。

（4）因果图法

前面介绍的等价类划分方法和边界值分析方法，都是着重考虑输入条件，但未考虑输入条件之间的联系，相互组合等。考虑输入条件之间的相互组合，可能会产生一些新的情况。但要检查输入条件的组合不是一件容易的事情，即使把所有输入条件划分成等价类，它们之间的组合情况也相当多。因此必须考虑采用一种适合于描述对于多种条件的组合，相应产生多个动作的形式来考虑设计测试用例，这就需要利用因果图（逻辑模型）。

因果图法是从自然语言书写的程序规格说明中找出因（输入条件）和果（输出或程序状态的改变），它适合于检查程序输入条件的各种组合情况。

利用因果图生成测试用例的基本步骤：

① 分析程序规格说明中，哪些是原因（即输入条件或输入条件的等价类），哪些是结果（即输出条件），并给每个原因和结果赋予一个标识符。

② 分析程序规格说明中的语义，找出原因与结果之间，原因与原因之间对应的关系。根据这些关系，画出因果图。

③ 由于语法或环境限制，有些原因与原因之间，原因与结果之间的组合情况并不可能出现。为表明这些特殊情况，在因果图上用一些记号表明约束或限制条件。

④ 把因果图转换为判定表。

⑤ 把判定表的每一列拿出来作为依据，设计测试用例。

从因果图生成的测试用例包括了所有输入数据的取 TRUE 与取 FALSE 的情况，构成的测试用例数目达到最少，且测试用例数目随输入数据数目的增加而线性地增加。

2. 白盒测试

白盒测试也称结构测试或逻辑驱动测试，它是知道产品内部工作过程，可通过测试来检测产品内部动作是否按照规格说明书的规定正常进行，按照程序内部的结构测试程序，检验程序中的每条通路是否都能按预定要求正确工作。

白盒法全面了解程序内部逻辑结构、对所有逻辑路径进行测试。白盒法是穷举路径测试。在使用这一方案时，测试者必须检查程序的内部结构，从检查程序的逻辑着手，得出测试数据。贯穿程序的独立路径数是天文数字。但即使每条路径都测试了仍然可能有错误。第一，穷举路径测试决不能查出程序违反了设计规范，即程序本身是个错误的程序。第二，穷举路径测试不可能查出程序中因遗漏路径而出的错。第三，穷举路径测试可能发现不了一些与数据相关的错误。

白盒测试的基本思想是选择测试数据覆盖程序的内部逻辑结构，如覆盖所有的语句,覆盖所有的判定等。为了衡量测试的覆盖程度,需要建立一些标准,目前常用的六种覆盖标准:语句覆盖、判定覆盖、条件覆盖、判定/条件覆盖、条件组合覆盖和路径覆盖,其发现错误的能力呈由弱至强的变化。

(1)语句覆盖

为了暴露程序中的错误,程序中的每条语句至少应该执行一次。因此语句覆盖的含义是:选择足够多的测试数据,使被测程序中每条语句至少执行一次。语句覆盖是很弱的逻辑覆盖。

(2)判定覆盖

判定覆盖是比语句覆盖稍强的覆盖标准。判定覆盖的含义是:设计足够的测试用例,使得程序中的每个判定至少都获得一次"真值"或"假值",或者说使得程序中的每一个取"真"分支和取"假"分支至少经历一次,因此判定覆盖又称为分支覆盖。

(3)条件覆盖

在设计程序中,一个判定语句是由多个条件组合而成的复合判定,为了更彻底地实现逻辑覆盖,可以采用条件覆盖。条件覆盖的含义是:构造一组测试用例,使得每一判定语句中每个逻辑条件的可能值至少满足一次。

(4)多条件覆盖

多条件覆盖也称条件组合覆盖,它的含义是:设计足够的测试用例,使得每个判定中条件的各种可能组合都至少出现一次。显然满足多条件覆盖的测试用例是一定满足判定覆盖、条件覆盖和条件判定组合覆盖的。

(5)修正条件判定覆盖

修正条件判定覆盖是由欧美的航空/航天制造厂商和使用单位联合制定的"航空运输和装备系统软件认证标准",目前在国外的国防、航空航天领域应用广泛。这个覆盖度量需要足够的测试用例来确定各个条件能够影响到包含的判定的结果。它要求满足两个条件:首先,每一个程序模块的入口和出口点都要考虑至少要被调用一次,每个程序的判定到所有可能的结果值要至少转换一次;其次,程序的判定被分解为通过逻辑操作符(and、or)连接的布尔条件,每个条件对于判定的结果值是独立的。

不同的测试工具对于代码的覆盖能力也是不同的,通常能够支持修正条件判定覆盖的测试工具价格是极其昂贵的。

9.5.3 软件测试的复杂性与经济性

人们常常以为,开发一个程序是困难的,测试一个程序则比较容易,这其实是误解。设计测试用例是一项细致并需要高度技巧的工作,稍有不慎就会顾此失彼,发生不应有的疏漏。

不论是黑盒测试方法还是白盒测试方法,由于测试情况数量巨大,都不可能进行彻底的测试。所谓彻底测试,就是让被测程序在一切可能的输入情况下全部执行一遍。通常也称这种测试为"穷举测试"。"黑盒"法是穷举输入测试,只有把所有可能的输入都作为测试情况使用,才能以这种方法查出程序中所有的错误。实际上测试情况有无穷多个,人们不仅要测试所有合法的输入,而且还要对那些不合法但是可能的输入进行测试。"白盒"法是穷举路径测试,贯穿程序的独立路径数是天文数字,但即使每条路径都测试了仍然可能有错误。E. W. Dijkstra 的一句名言对测试的不彻底性作了很好的注解："程序测试只能证明错误的存在,但不能证明错误不存在。"

在实际测试中,穷举测试工作量太大,实践上行不通,这就注定了一切实际测试都是不彻底的。当然就不能够保证被测试程序中不存在遗留的错误。软件工程的总目标是充分利用有限的人力和物力资源,高效率、高质量地完成测试。为了降低测试成本,选择测试用例时应注意遵守"经济性"的原则:第一,要根据程序的重要性和一旦发生故障将造成的损失来确定它的测试等级;第二,要认真研究测试策略,以便能使用尽可能少的测试用例,发现尽可能多的程序错误。掌握好测试量是至关重要的,一位有经验的软件开发管理人员在谈到软件测试时曾这样说过:"不充分的测试是愚蠢的,而过度的测试是一种罪孽。"测试不足意味着让用户承担隐藏错误带来的危险,过度测试则会浪费许多宝贵的资源。

9.6　模块的耦合与内聚

程序开发到高级阶段就是一个大工程,从头到尾由一个人实现是不可能的,于是就要分工模块化完成。于是,对于模块化的开发,就有了这样的要求:高内聚低耦合。

9.6.1　耦合

耦合是对不同模块之间相互依赖程度的度量,紧密耦合是指两个模块之间存在着很强的依赖关系,松散耦合是指两个模块之间存在一些依赖关系,但它们之间的连接比较弱,无耦合是指模块之间根本没有任何连接。

耦合的强度依赖于以下四个因素,一个模块对另一个模块的引用,一个模块向另一个模块传递的数据量,一个模块施加到另一个模块的控制的数量,模块之间接口的复杂程度。

从强到弱的几种常见的耦合类型:

(1)内容耦合

如果发生下列情形,两个模块之间就发生了内容耦合:

- 一个模块直接访问另一个模块的内部数据;
- 一个模块不通过正常入口转到另一模块内部;
- 两个模块有一部分程序代码重迭(只可能出现在汇编语言中);
- 一个模块有多个入口。

(2)公共耦合

若一组模块都访问同一个公共数据环境,则它们之间的耦合就称为公共耦合。公共的数据环境可以是全局数据结构、共享的通信区、内存的公共覆盖区等。

(3)控制耦合

如果两个模块之间传输的信息是控制信息,则该耦合称为控制耦合。传送的控制信息可分成两类,一类是判定参数,调用模块通过该判定参数控制被调用模块的工作方式,若判定参数出错则导致被调用模块按另一种方式工作;另一种是地址参数,调用模块直接转向被调用模块内部的某一些地址,这时若改动一个模块则必将影响另一模块,因为控制耦合方式的耦合程度较高,应尽量避免采用地址参数的方式。

(4)标记耦合

一组模块通过参数表传递记录信息,就是标记耦合。这个记录是某一数据结构的子结构,而不是简单变量。

(5)数据耦合

数据耦合是最简单的耦合形式,如果两个模块之间的通信信息是若干数据项,则这种耦合方式称为数据耦合。这种耦合对系统的影响比较小,是一种较好的耦合方式,但为了减少接口的复杂性,应尽量防止传输不必要的数据。

(6)非直接耦合

模块间没有信息传递时,属于非直接耦合。

如果模块间必须存在耦合,就尽量使用数据耦合,少用控制耦合,限制公共耦合的范围,坚决避免使用内容耦合。

9.6.2　内聚

内聚度量的是一个模块内部各成分之间相互关联的强度,如果一个模块的所有成分都直接参与并且对于完成同一功能来说都是最基本的,则该模块是高内聚的。

从低到高的几种常见内聚类型如下:

① 偶然内聚:一个模块的各个成分之间毫无关系。

② 逻辑内聚:逻辑内聚是指模块各成分的逻辑功能是相似的。例如,把系统中与"输出"有关的操作抽取出来组成一个模块,包括将数据在屏幕上显示、从打印机上打印、拷贝到磁盘上等,则该模块就是逻辑内聚的。逻辑内聚的内聚程度稍强于偶然内聚,但仍不利于修改和维护。

③ 时间内聚:一个模块完成的功能必须在同一时间内执行,但这些功能只是因为时间因素关联在一起。

④ 过程内聚:过程内聚是由一段公共的处理过程组合成的模块。例如,我们把一个框图中的所有循环部分、判定部分和计算部分划分成三个模块,则它们都是过程内聚的。显然,采用过程内聚时,模块间的耦合度比较高。

⑤ 通信内聚:是指模块中各成分引用或产生共同的数据,例如报表打印模块,各成分都从若干共同的数据来源接收数据,然后转换、汇总并打印出各种报表。

⑥ 顺序内聚:顺序内聚是指模块中各成分有顺序关系,某一成分的输出是另一成分的输入。例如,"录入和汇总"模块、"统计和打印"模块都是顺序内聚模块。顺序内聚的模块中有可能包含几个不同的功能,因而会给维护带来不便。

⑦ 功能内聚:功能内聚表示模块中各成分的联系是功能性的,即一个模块执行一个功能,且完成该功能所必需的全部成分都包含在模块中。例如,计算工资、打印月报表等。由于这类模块的功能明确、模块间的耦合简单,所以便于维护。我们在系统设计时应力求按功能划分模块。

9.6.3　划分模块的准则

软件设计中通常用耦合度和内聚度作为衡量模块独立程度的标准。划分模块的一个准则就是高内聚低耦合。

高内聚的模块,互相之间依赖性比较少,某个模块一旦出现问题的时候,能把错误控制在一个模块内。不会因为一个模块出了问题,而影响了其他功能模块。保证了其他功能的完整性,不会影响用户的其他操作,能将给用户带来的麻烦降低到最低限度。程序员也能快速的定位出问题所在的模块,进行问题修改。模块之间没有太多的牵连,更便于程序员对问题的修改。在问题修改后,也不会给其他功能模块带来太多的影响。测试人员在做单元或集成测试的时候,更容易把里面程序模块之间的逻辑理清楚,能设计出高覆盖率的用例把程序代码后模块接口都完全测试到。也能让测试人员在做回归测试时,降低一定的风险。

耦合度高的模块,相互之间依赖性比较多,模块与模块之间的关系也比较复杂,就容易出现一个程序模块出现了问题,导致其他功能模块都不能正常运行的现象,给用户带来更大损失。而且由于关系的复杂性,给程序员定位及修改问题带来一定的不便,即便程序员修改了一个问题后,也无法保证不会带来更多的缺陷。给测试人员做单元和集成测试带来了太多的不便。需要花大量的时间去理清内部的逻辑。在这样的情况下,可能也会给测试工作带来遗漏的地方,留下隐患。测试人员也要花更多的时间进行回归测试,来保证系统程序符合规定要求。总之,无形中给项目带来了更多的风险。

在面对对象分析设计系统时,被分解的各个模块一定要做到高内聚、低耦合。在VC++ 面向对象编程时,为了达到更高的运行期效率,需力求做到高内聚、低耦合。由于对象内部的调用一般情况下会相比模块间的调用占用更少的执行时间,将高频调用动态封装在一个对象内部将会在一定程度上提高程序执行效率。

9.7　程序的正确性与健壮性

我们常说某某软件好用,某软件功能全、结构合理、层次分明。这些表述很含糊,用来评价软件质量不够确切,不能作为用户选购软件的依据。对于用户来说,开发单位按照用户的需求,开发一个应用软件系统,按期完成并移交使用,系统正确执行用户规定的功能,仅仅满足这些是远远不够的。因为用户在引进一套软件过程中,常常会出现如下问题:

① 定制的软件可能难于理解,难于修改,在维护期间,用户的维护费用大幅度增加。

② 用户对外购的软件质量存在怀疑,用户评价软件质量没有一个恰当的指标,对软件可靠性和功能性指标了解不足。

③ 软件开发商缺乏历史数据作为指南,所有关于进度和成本的估算都是粗略的。因为没有切实的生产率指标,没有过去关于软件开发过程的数据,用户无法精确评价开发商的工作质量。

为此,有必要先了解软件的质量评价体系,软件质量可分解成六个要素,这六个要素是软件的基本特征:

① 正确性。正确性是指软件按照需求正确执行任务的能力。正确性是第一重要的软件质量属性。

② 可靠性。可靠性不同于正确性和健壮性,软件可靠性问题通常是由于设计中没有

料到的异常和测试中没有暴露的代码缺陷引起的。可靠性是一个与时间相关的属性,指的是在一定环境下,在一定的时间段内,程序不出现故障的概率,因此是一个统计量,通常用平均无故障时间(MTTF,mean-time to fault)来衡量。

可靠性本来是硬件领域的术语。比如某个电子设备在刚开始工作时挺好的,但由于器件在工作中其物理性质会发生变化(如发热、老化等),慢慢地系统的功能或性能就会失常。所以一个从设计到生产完全正确的硬件系统,在工作中未必就是可靠的。人们有时把可靠性叫做稳定性。

软件在运行时不会发生物理性质的变化,人们常以为如果软件的某个功能是正确的,那么它一辈子都是正确的。可是我们无法对软件进行彻底的测试,无法根除软件中潜在的错误。平时软件运行得好好的,说不准哪一天就不正常了,如有千年等一回的"千年虫"问题、司空见惯的"内存泄露"问题、"误差累积"问题,等等。因此把可靠性引入软件领域是很有意义的。

③ 易使用性。易用性是指用户使用软件的容易程度。现代人的生活节奏快,干什么事都想图个方便,所以把易用性作为重要的质量属性无可非议。

导致软件易用性差的根本原因是开发人员犯了"错位"的毛病:他以为只要自己用起来方便,用户也一定会满意。俗话说"王婆卖瓜,自卖自夸"。当开发人员向用户展示软件时,常会得意地讲:"这个软件非常好用,我操作给你看,……是很好用吧!"

软件的易用性要让用户来评价。如果用户觉得软件很难用,开发人员不要有逆反心理:"哪里找来的笨蛋!"

其实不是用户笨,是自己开发的软件太笨了。当用户真的感到软件很好用时,一股温暖的感觉就会油然而生,于是就会用"界面友好"、"方便易用"等词来夸奖软件的易用性。

④ 效率。效率是指在指定的条件下,用软件实现某种功能所需的计算机资源(包括时间)的有效程度。效率反映了在完成功能要求时,有没有浪费资源。

⑤ 可维修性。可维修性是指在一个可运行软件中,为了满足在用户需求、环境改变或软件错误发生时,能够进行相应修改所做的努力程度。可维修性反映了在用户需求改变或软件坏境发生变更时,对软件系统进行相应修改的容易程度。一个易于维护的软件系统也是一个易理解、易测试和易修改的软件,以便纠正或增加新的功能,或允许在不同软件环境上进行操作。

⑥ 可移植性。软件的可移植性指的是软件不经修改或稍加修改就可以运行于不同软硬件环境(CPU、OS 和编译器)的能力,主要体现为代码的可移植性。编程语言越低级,用它编写的程序越难移植,反之则越容易。这是因为,不同的硬件体系结构(例如Intel CPU 和 SPARC CPU)使用不同的指令集和字长,而 OS 和编译器可以屏蔽这种差异,所以高级语言的可移植性更好。

C++/C 是一种中级语言,因为它具有灵活的"位操作"能力(因此具有硬件操作能力),而且可以直接嵌入汇编代码。但是C++/C 并不依赖于特定的硬件,因此比汇编语言可移植性好。

一般的,软件设计时应该将"设备相关代码"与"设备无关代码"分开,将"功能模块"与"用户界面"分开,这样可以提高可移植性。

下面我们就软件的正确性和健壮性进一步讨论。

9.7.1　软件的正确性

软件的正确与否是指软件能否按照预定的要求完成预定的功能,并且达到预定的效果。软件的正确性是软件工程首先追求的目标。为了得到正确的软件,人们提出了许多方法和技术。

这里"正确性"的语义涵盖了"精确性"。正确性无疑是第一重要的软件质量属性。如果软件运行不正确,将会给用户造成不便甚至损失。技术评审和测试的第一关都是检查工作成果的正确性。正确性说起来容易做起来难。因为从"需求开发"到"系统设计"再到"实现",任何一个环节出现差错都会降低正确性。给软件带来错误的原因很多,具体地说,主要有如下几点:

① 需求分析定义错误。如用户提出的需求不完整;用户需求的变更未及时消化;软件开发者和用户对需求的理解不同,等等;

② 设计错误。如处理的结构和算法错误;缺乏对特殊情况和错误处理的考虑等;

③ 编码错误。如语法错误、变量初始化错误等;

④ 测试错误。如数据准备错误、测试用例错误等;

⑤ 文档错误。如文档不齐全;文档相关内容不一致;文档版本不一致;缺乏完整性等。

软件的正确性验证方法可以分为两类:一类是程序测试与调试;一类是程序的正确性证明。可能是因为程序语言基于严格的语法和语义规则,人们企图用形式化证明方法来证明程序的正确性。将程序当作数学对象来看待,从数学意义上证明程序是正确的是可能的。数学家对形式化证明方法最有兴趣,在论文上谈起来非常吸引人,但实际价值却非常有限,因为形式化证明方法只有在代码写出来之后才能使用,这显然太迟了,而且对于大的程序证明起来非常困难。实践表明,在软件工程中,程序正确性证明事实上是不可行的。所以主要技术和方法还是软件测试。

因此,软件测试就成了软件质量保证的关键步骤。在软件测试生命周期内,错误在软件开发的每个阶段都可能被带入。在软件测试中,某些错误被发现、分类、隔离,最终被纠正。由于软件不断被修改,所以这个过程是一个反复进行的过程。只有这样,才能尽可能地减少软件的错误,保证软件的正确性。

9.7.2　软件的健壮性

除了软件正确性外,影响软件质量的另一个重要因素是健壮性,即对非法输入的容错能力。

健壮性是指在异常情况下,软件能够正常运行的能力。正确性与健壮性的区别是:前者描述软件在需求范围之内的行为,而后者描述软件在需求范围之外的行为。然而正常情况与异常情况并不容易区分,开发者往往把异常情况错当成正常情况而不作处理,结果降低了健壮性。用户则不会区分正确性与健壮性的区别,只要软件出了差错都认为是开发方的错。所以提高软件健壮性对于用户来说,显得非常重要了。

另外,健壮性有时也和容错性、可移植性、正确性有交叉的地方。

容错性是指发生异常情况时系统不出错误的能力,比如,一个软件可以从错误的输入推断出正确合理的输出,这属于容错性量度标准,但是也可以认为这个软件是健壮的。对于应用于航空航天、武器、金融等领域的这类高风险系统,容错设计非常重要。

一个软件可以正确地运行在不同环境下,则认为软件可移植性高,也可以叫软件在不同平台下是健壮的。

一个软件能够检测自己内部的设计或者编码错误,并得到正确的执行结果,这是软件的正确性标准,但是也可以说,软件有内部的保护机制,是模块级健壮的。

软件健壮性是一个比较模糊的概念,但是却是非常重要的软件外部量度标准。软件设计的健壮与否直接反应了分析设计和编码人员的水平。即所谓的高手写的程序不容易死。

为了提高软件的健壮性,软件需要:

① 对用户的操作进行检查,而不能把用户的输入都默认为正确的。

② 有错误处理例程,在软件发生错误的时候跳转到错误处理例程进行错误分析,根据分析结果采取相应措施,比如给用户提示,要求用户重新进行相关操作,或保存数据写错误日志然后提示用户后退出程序。

③ 工艺规程、规章制度也需要有发现和防范错误的步骤,正如化学实验装置搭建完成后要进行气密性检查;同时还要有危机和异常处理的预案,能科学且胸有成竹地处理分析可以预见和不能预见的问题。

思考题

9-1 什么是软件危机,它发生的年代、原因及主要表现? 如何克服软件危机?

9-2 生命周期各阶段的基本任务是什么? 描述软件生命周期的模型。

9-3 需求分析阶段的目的是什么? 基本任务是什么?

9-4 软件设计可分为哪两个阶段? 每个阶段的任务是什么?

9-5 在软件开发的早期阶段,为什么要进行可行性研究? 应该从哪些方面研究目标系统的可行性?

9-6 数据流图的几种基本成分是什么?

9-7 简述软件结构设计优化准则。

9-8 测试的具体任务是什么? 为什么说调试是软件开发过程中最艰巨的任务?

9-9 软件的可维护性与哪些因素有关? 在软件开发过程中应采取哪些措施才能提高软件产品的可维护性?

9-10 什么是白盒测试法? 什么是黑盒测试法?

9-11 什么是耦合,什么是内聚? 应追求什么样的耦合及内聚。

9-12 耦合的类型可分为哪六类,内聚的类型可分为哪七类? 每种耦合及内聚的定义?

9-13 什么是软件的正确性和健壮性?

习 题

9-1 高考录取统分子系统有如下功能:

(1) 计算标准分:根据考生原始分计算,得到标准分,存入考生分数文件;

（2）计算录取线分：根据标准分、招生计划文件中的招生人数，计算录取线，存入录取线文件。

试根据要求画出该系统的数据流程图。

9-2 图书馆的预定图书子系统有如下功能：

（1）由供书部门提供书目给订购组；

（2）订书组从各单位取得要订的书目；

（3）根据供书目录和订书书目产生订书文档留底；

（4）将订书信息（包括数目，数量等）反馈给供书单位；

（5）将未订书目通知订书者；

（6）对于重复订购的书目由系统自动检查，并把结果反馈给订书者。

试根据要求画出该问题的数据流程图。

9-3 在结构化设计过程中，要将数据流图（DFD）映射成系统结构图（SC），分别画出变换型数据流和事物型数据流的映射方式。

第 **10** 章

统一建模语言 UML

10.1 概述

软件的生产研制过程要经过需求分析、设计、编码等阶段,软件研发的方法可以是结构化的方法,也可以是面向对象的方法。不管采用哪种方法,软件研发的各个阶段都要产生相应的文档以表达分析设计的结果,其中包括软件人员对需求的理解及对软件实现的创造性思想。可是采用什么样的方式来表达这些思想呢? 也就是说,这些各个阶段的文档的表现形式是什么呢? 是图形还是文字?

众所周知,许多时候用一些图形符号来表达某种含义要比用纯文字描述更直观、更清晰。软件研究人员也在不断地寻找简洁、更能表达设计过程的表达方式,在软件的发展过程中,曾经出现过 PAD 图、N‒S 图及至今仍为广大软件人员喜爱的流程图,但是这些图形往往只能表达某些方面的思想,不能应付软件开发过程中的各个阶段,更为可惜的是这些方法在大型软件开发的面向对象的方法面前显得力不从心。比如,流程图仅能很好地表达某个功能模块的逻辑流程,而不能从整体上把握软件的功能。

幸运的是,统一建模语言 UML 产生了。在 UML 出现之前,已经有一些针对面向对象开发方法的建模语言,这些建模语言各有优缺点。存在不同的方法从某种角度来看是给用户提供了不同的选择,可是最终不利于整个软件界的发展,不利于面向对象方法的一致性的发展。1995 年,Grady Booch 和 James Rumbaugh 将他们的面向对象建模方法统一为 Unified Method V0.8。一年后 IvarJacobson 加入其中,共同将该方法统一为二义性较少的 UML 0.9。这三位杰出的方法学家被称为"三友"(Three Amigos)。

10.1.1 UML 的主要特点

UML 是一种对软件密集型系统进行建模的语言。UML 融合了多种优秀的面向对象建模和软件工程的方法,通过统一的表示法,消除了因方法林立且相互独立带来的种种不便,使它的概念和表示法在规模上超过了以往任何一种方法,并且提供了允许用户对语言做进一步扩展的机制,可以使不同知识背景的领域专家、系统分析和开发人员以及用户方便地交流。借助 UML 工具建模,可以产生不同语言的程序代码,如C++、Java、Ada、VB 等。当前比较有影响力的基于 UML 的集成可视化环境有:美国 Rational 公司的 Rational Rose Family,以及建立于 1987 年的 ILogix 公司 Rhapsody Developer 等。下面以 Rose 为例,介绍 UML 的主要特点。

UML 的目标是以图的方式、采用面向对象的方法来描述任何类型的系统,具有很广泛的应用领域。其最常用的是建立软件系统的模型,同样也可以用于描述非软件领域的系统,如机械系统、企业机构或业务过程,以及处理复杂数据的信息系统、具有实时要求的工业系统或工业过程等。总之,UML是一个通用的标准建模语言,可以对任何具有静态结构和动态行为的系统进行建模。

为了使这种语言具备广泛的适应能力,人们将它定义为一种具有可扩展性的通用图形语言。从任何一个角度对系统所作的抽象都可能需要用几种模型图来描述,而这些来自不同角度的模型图最终组成了系统的完整图像。

模型图由一些基本的模型元素组成。这些元素分别表示一些公共的面向对象概念,譬如类、对象、消息以及这些概念之间的关系(包括关联,依赖和泛化)。一种模型元素可以出现在不同的模型图中,但是其含义和表示符号都是相同的。

UML还提供了一些通用机制,包括对模型元素的语义定义、内容描述、附加注释以及语言的扩展机制等。

但是,由于UML在形成规范的过程中不得不照顾多种方法流派的观点和多家公司的利益,因而在语言体系结构、语义等方面仍存在理论缺陷,并且由于它过于庞大和复杂,用户很难全面、熟练地掌握它。

因此,我们应该客观地认识到UML存在的问题并设法解决,如将软件系统中不常用的内容放到定义良好的外围或扩展机制中,提供一个更精炼的核心,使之更简洁、更完善。

10.1.2 UML 在现代软件工程中的重要作用

使用UML进行建模过程是:首先从功能需求出发建立用例(Use Case)模型,得到系统的功能;其次对用例模型和功能需求进行分析得到系统的整个结构,即建立静态模型;然后将整个系统要完成的功能在类之间进行分配,得到各个对象的责任,即类的操作;再建立系统的动态模型,描述各个对象是如何完成这些功能的;最后是检查模型之间的一致性。实际上,UML作用域不只限于支持面向对象的分析与设计,还支持从需求分析开始的软件开发的全过程,从需求分析到系统完成之后的测试,都可以有相应的具体方案与之对应。由于UML建模过程具有正向功能和反向功能的特性,可以实现模型与代码之间的相互转化,当完成一次原型系统的开发后,如果对原型系统不满意,可以通过程序代码返回分析设计阶段,进行修改和调整,快速实现模型的再应用,有利于软件的复用与逆向工程。

在分析阶段,通过用例建模,描述对系统感兴趣的外部参与者(Actor)及对系统(用例)的功能要求。分析阶段主要关心问题域中的主要概念(如抽象、类和对象等)和机制,需要识别这些类以及它们相互间的关系,并用UML类图来描述。为实现用例,类之间需要协作,描述用例时还会用到UML动态模型。在分析阶段,只对问题域的对象(现实世界的概念)建模,而不考虑定义软件系统中技术细节的类(如处理用户接口、数据库、通讯和并行性等问题的类)。

编程是一个独立的阶段,其任务是用面向对象编程语言将来自设计阶段的类转换成实际的代码。在用UML建立分析和设计模型时,应尽量避免考虑把模型转换成某种特定的编程语言。因为在早期阶段,模型仅仅是理解和分析系统结构的工具,过早考虑编码问题十分不利于建立简单正确的模型。

在测试阶段,UML 模型可作为测试阶段的依据。系统通常需要经过单元测试、集成测试、系统测试和验收测试。不同的测试小组使用不同的 UML 图作为测试依据:单元测试使用类图和类规格说明;集成测试使用部署图和协作图;系统测试使用用例图来验证系统的行为;验收测试由用户进行,以验证系统测试的结果是否满足在分析阶段确定的需求。

总之,标准建模语言 UML 不仅适用于以面向对象技术来描述任何类型的系统,而且适用于系统开发的不同阶段,从需求规格描述直至系统完成后的测试和维护。归纳地说,UML 的建模过程为:初始阶段→细化阶段→构造阶段→移交阶段,它与软件工程的生存期可以有如图 10 – 1 的映射关系,会在本部分的后续章节中详细解释和运用。

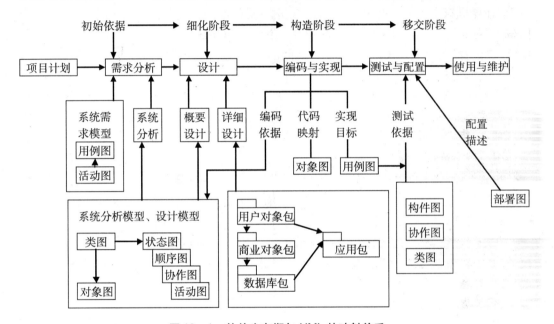

图 10 – 1 软件生存期与 UML 的映射关系

综上所述,UML 是一种建模语言,它本身并不包括对过程的描述,因此必须通过某种语言转换为可执行的程序代码,但无论采用何种过程,都可以用 UML 来记录最终的分析和结果。应用实践表明,UML 是一种优秀的建模语言,它适用于大型的、复杂而需求不明确的应用系统,借助 UML 开发工具,根据软件工程设计原则,对系统进行快速准确的分析和设计,并扩展到测试与维护阶段,解决了长久以来困扰软件工程师系统性地开发软件的难题。

10.2 UML 的主要内容

在 Rose 中,用 UML 工具建模时,主要利用该环境中四种视图(View)之下的九种图(Digram)。每种图针对不同的对象,有不同的用途,分别用于描述系统的动态和静态关系。

1. 用例视图(Use Case View)

用例视图映射于软件工程的系统需求模型的建立,以可视化的方式描述系统需求,避免了文字描述的模糊性,为建立正确的系统提供了保证。

用例视图关注的是系统功能高层次的结构,而不关注系统的具体实现方法。它着重从用户的角度描述系统功能,是系统的核心,驱动着其他模型的开发。一个用例就是用户由于某种外部事件而与计算机之间进行的一次交互作用。在用例视图下可以建立用例图、活动图等。

(1)用例图

在建立系统需求模型时,可以用用例图来描述系统的功能。用例分两种类型,一种是从用户目标来分析,另一种是从系统交互功能来分析。因此,用例图又分为业务用例和系统用例,两者的侧重点有所不同,系统用例是与软件的交互,侧重于系统内部,是针对于"计算机应用系统"而言的用例;而业务用例讨论的是一种业务如何响应客户或事件,是针对需要开发和使用该系统的机构。用例之间存在三种关系:参与者(Actor,又称角色、执行者)与用例之间的连接、用例之间的使用(Uses)以及扩展(Extends)关系。

(2)活动图

活动图用于描述工作流程和行为模型、实现对用例功能的分析、描述一个用例的处理流程或是某种交互流程。它直观地表示了对象及用例中的活动序列,列出了客观世界中最基本、符合客观规律的顺序,而根本不考虑在机器世界中如何实现的问题。这也是活动图与程序流程图最关键的区别。

在软件设计的初始阶段,常常用用例图设计系统的功能模型,用活动图来分析用例,并对每个用例进行需求说明,以便更详细地描述该用例与参与者的交互。

2. 逻辑视图(Logical View)

在系统分析设计阶段,主要通过逻辑视图进行建模,包括建立对象结构模型和动态模型,其中对象结构模型通过类图或对象图来表达,体现了系统中对象间的静态关系(一般化、聚集和关联),而对象的动态模型则通过顺序图、协作图、状态图和活动图来表达。

(1)类图、对象图

类图分三个层次:概念层、说明层和实现层。类图主要关注的是系统的层次和结构,包括对象、接口、属性和关系,显示系统中类与类之间的交互关系,属于系统的静态模型结构。对象图是类图的一种变形,是对类图的一种实例化。类图技术是面向对象的核心技术,通过类图或对象图将用例的实现具体到每个类中,完成设计细化的过程。

(2)状态图

状态图是对类图的一种补充描述,客观地展现此类对象所有可能的状态,以及某些事件发生时其状态的转移情况。

(3)顺序图、协作图

由顺序图和协作图组成的交互图,用于描述对象之间的动态合作关系以及合作过程中的行为次序。其中,顺序图着重体现对象间消息传递的时间顺序,而协作图着重于哪些对象间有消息传递,表达了对象之间的静态连接关系。

应该提到的是包结构。包是一种分组机制,可以用来组织任何模型元素,可以利用包将大系统分解成若干子系统,也可以用包将许多类组织起来,集合到一个更高层次的"包"单元中。在 UML 中,包图用来显示类的包以及这些包之间的依赖关系。

3. 构件视图(Component View)

在 Rose 中,构件视图下可以建立构件图(Component Diagram)。

建立了对象的静态模型和动态模型后,对于系统的具体实现,可以用构件来表示其模型。构件是系统中一个物理的、可替换的、并提供一组接口实现的部分。一个构件代表一个系统中的一块物理实现,包括软件代码(源代码、二进制代码或可执行代码)或脚本(Script)、命令文件等。在构件视图中设计构件,将类图中的类分配到相应的构件中,说明软件的物理组成模块、进程、动态连接库、执行代码等是由哪些类构成的,并建立构件图,确定构件之间的关系。构件图显示的是组件之间的依赖关系和组织结构。

4. 部署视图(Deployment View)

部署视图下的部署图(Deployment Diagram)虽然是在详细设计的最后进行,但实际开发中,系统的硬件拓扑结构以及与软件的关系,在系统设计开始时就应该建立。部署图的作用是进一步说明处理器与构件图中定义的进程的关系,它显示的是组件和类的实例在各个计算结点上的分布。

Rose 中的前七种框图主要用于软件建模的分析与设计,而构件图和部署图是在对系统软硬件的配置关系和依赖关系宏观的、物理的描述,在系统分析完成时,也就随之形成了。

对上述 UML 中所包含的十种图总结如下:

① 类图(Class Diagram):类图描述系统所包含的类、类的内部结构及类之间的关系;

② 对象图(Object Diagram):对象图是类图的一个具体实例;

③ 包图(Package Diagram):包图表明包及其之间的依赖关系;

④ 构件图(Compoment Diagram,也称组件图):构件图描述代码部件的物理结构以及各部件之间的依赖关系;

⑤ 部署图(Deployment Diagram):部署图定义系统中软硬件的物理体系结构;

⑥ 用例图(Usecase Diagram):用例图从参与者的角度出发描述系统的功能、需求,展示系统外部的各类参与者与系统内部的各种用例之间的关系;

⑦ 顺序图(Sequence Diagram):顺序图表示对象之间动态合作的关系;

⑧ 协作图(Collaboration Diagram):协作图描述对象之间的协作关系;

⑨ 状态图(Statechart Diagram):状态图描述一类对象的所有可能的状态以及事件发生时状态的转移条件;

⑩ 活动图(Activity Diagram):活动图描述系统中各种活动的执行顺序。

上述十种图可归纳为五类,如表10-1所示。

表10-1　UML 图分类

类　型	内　容
静态图	类图、对象图、包图
行为图	状态图、活动图
用例图	用例图
交互图	顺序图、协作图
实现图	组件图、部署图

10.2.1　用例图

在系统需求设计方法中,UML 中的用例模型已成为获取系统需求的主要技术,它的提出对于软件开发具有重要的意义。通过用例模型的建立和对用例的分析,软件开发者可以准确地了解用户需求和系统功能,它是用户和软件开发者一起剖析系统需求的关键一步,可以推动需求分析后各阶段的开发工作。

用例描述了系统完成动作的序列,这一序列动作对特定参与者产生一个有价值的可见结果,也就是说,每个用例描述一组事件,但用例并不是功能或特性,也不能进行分解。用例具有一个名称和详细的描述,这些描述阐述了参与者如何使用系统完成他们希望的任务及系统如何满足参与者的需求。而参与者是以某种方式与系统交互的人和事,描述与系统功能有关的外部实体,它可以是用户,也可以是外部系统或设备。在 UML 中参与者用一个简单的小棍人来表示,用例用一个椭圆来表示。需要注意的是一个用例必须至少与一个参与者关联。

获取用例是需求分析阶段的首要任务,大部分用例将在项目的需求分析阶段产生,随着工作的深入会发现更多的用例。因此,进行系统需求分析的第一步是定义用例,以描述所开发系统的外部功能需求。但是,通常情况下,一个系统可能需要几十乃至几百个用例,要列出用例清单常常是十分困难的。这时可先列出参与者清单,再根据每个参与者的操作确定用例,问题就会变得容易很多。在实践中我们发现参与者对提供用例是非常有用的。

(1)确定参与者

确定参与者的关键是确定系统的边界,系统边界以外与系统交互的事物都是参与者。也就是说我们把软件世界划分为两部分:我们的系统和与我们系统交互的参与者。

为了确定与系统交互的参与者,我们可以考虑以下问题:

① 谁使用系统;

② 谁从系统得到信息,谁向系统提供信息;

③ 谁安装、启动、关闭或维护系统;

④ 系统需要操纵哪些硬件;

⑤ 系统需要其他什么系统支持或交互。

在确定参与者时我们要注意以下几个问题:

① 参与者对系统而言是外部的;

② 参与者与系统交互;

③ 参与者表示同系统发生交互时的执行者,而不是特定的人或事物;

④ 一个人或事物在系统中可以有多种参与者;

⑤ 参与者必须有名字和一个简短的描述。

如在图书管理系统中,与系统交互的主要是借阅者和图书管理员,所以其参与者为两个:

① 借阅者:可以借阅、预定、归还书刊、取消预定;

② 图书管理员:维护系统,维护书刊信息、物理书刊信息和借阅者信息。

（2）确定用例和用例描述

一旦确定了参与者，就可以根据参与者要完成的工作而确定所需要的用例。在确定用例时可考虑以下问题：

① 参与者需要系统提供什么；

② 参与者需要读取、产生、删除、修改或存储哪些信息；

③ 参与者需要通知系统相关的外部事件或改变有哪些；

④ 系统需要提醒参与者的系统事件有哪些；

⑤ 系统运行过程中需要哪些输入输出设备。

在图书管理系统中，借阅者需要通过系统借书、还书、预定书刊、取消预定，而借阅者的这些操作都需要通过图书管理员来实现，图书管理员使用系统时首先要登录，在使用系统的过程中要维护借阅者信息、维护书刊信息及维护物理书刊信息。所以图书管理系统需要以下 8 个用例：借书、还书、预定书刊、取消预定、登录、维护借阅者信息、维护书刊信息、维护物理书刊信息。

用例确定后，我们要分析和细化用例，为每个用例起一个合理的名字并提供相关的描述，说明用例的目的，看其与哪些参与者交互，审查每个参与者预期的行为，以验证是否参与了必要的用例，实现了预期的功能。例如图书管理系统中预定书刊用例的描述如下：

① 用例名称：预定书刊；

② 标示号：3；

③ 前置条件：在这个用例启动前，管理员必须登录到系统；

④ 基本流：当管理员为借阅者预定物理书刊时，用例启动；

⑤ 备选流。备选流1：该书刊不存在，系统显示提示信息，用例终止；备选流2：该借阅者不存在，系统显示提示信息，用例终止；

⑥ 后置条件：如果这个用例成功，在系统中建立并存储借阅记录，如果必要还要删除预定记录。否则，系统的状态没有变化；

⑦ 用例结束。

用例和参与者的确定，是一个迭代和逐步精化的过程，有时我们在开发系统的过程中还会发现新的用例和参与者。

（3）用例图

用例和参与者之间的关系可以通过用例图进行描述，用例和参与者、用例和用例间的关系主要有四种：通信关系、隶属关系、《include》关系和《extend》关系。

① 通信关系：描述参与者和用例之间的关系，关系中的箭头表示启动通信。

② 隶属关系：表示子用例继承父用例的行为和含义，子用例可以添加新行为或覆盖父用例的行为。

③《include》关系：描述的是一个用例需要某种类型的行为，而另一个用例定义了该行为，那么在用例的执行过程中就可以调用已经定义好的用例。《include》关系的特点是由调用用例决定是否进行调用，被调用的对象对调用一无所知，并且不参与其中的选择判断。

④《extend》关系：指的是一个用例可以增强另一个用例的行为。提供所添加的行为

的用例称为扩展用例,需要被扩展用例加强的用例称为基用例。表示的时候箭头扩展用例指向基用例,表示扩展取决扩展用例,基用例对此毫无所知。图 10－2 显示了图书管理信息系统的部分用例图。

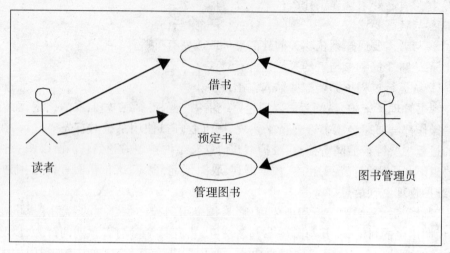

图 10－2　　图书管理信息系统用例图

用例模型的提出对于软件开发具有重要的意义,通过用例模型的建立和对用例的分析,软件开发者可以准确地了解用户需求和系统功能,它是用户和软件开发者一起剖析系统需求的关键一步,推动了需求分析后各阶段的开发工作。

10.2.2　类图

在面向对象建模技术中,采用分类的方法将客观世界的实体映射为对象并归纳成一个个类。类、对象和它们之间的关联是面向对象技术中最基本的元素。对于一个待描述的系统,其类模型揭示了系统的静态逻辑结构,即系统重要的抽象元素及元素间的关系。

在类图中类用矩形框来表示,它的属性和操作分别列在分格中,若不需要表达详细信息时,分格可以省略。矩形框内分为三行,第一行写入类的名称,第二行写入类的属性特征,即类的数据成员,第三行写入类的行为特征,即类的成员函数描述。一个类可能出现在好几个图中,同一个类的属性和操作只在一种图中列出,在其他图中可省略。

在类图中,除了需要描述单独的类的名称、属性和操作外,我们还需要描述类之间的联系,因为没有类是单独存在的,它们通常需要和别的类协作,创造比单独工作更大的语义。在 UML 类图中,关系用类框之间的连线来表示,连线上和连线端头处的不同修饰符表示不同的关系。类之间的关系有继承(泛化)、关联、聚合和组合。下面对类图的主要元素分别进行介绍。

(1)继承

指的是一个类(称为子类)继承另外的一个类(称为基类)的功能,并增加它自己的新功能的能力,继承是类与类之间最常见的关系。类图中继承的表示方法是从子类拉出一条闭合的、单键头(或三角形)的实线指向基类。例如,图 10－3 给出了 MFC 中 CObject 类和菜单类 CMenu 的继承关系。

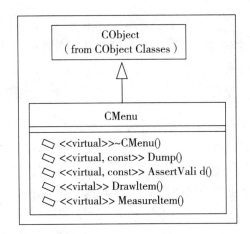

图 10 - 3　类的继承

（2）关联关系

指的是模型元素之间的一种语义联系，是类之间的一种很弱的联系。关联可以有方向，可以是单向关联，也可以是双向关联。可以给关联加上关联名来描述关联的作用。关联两端的类也可以以某种角色参与关联，角色可以具有多重性，即可以有多个对象参与关联。可以通过关联类进一步描述关联的属性、操作以及其他信息。关联类通过一条虚线与关联连接。对于关联可以加上一些约束，以加强关联的含义。

（3）聚合关系

聚合是一种特殊形式的关联，用来说明对象间整体与部分的关系。通常在定义一个整体类后，再去分析这个整体类的组成结构，从而找出一些组成类，该整体类和组成类之间就形成了聚合关系。例如一个航母编队包括海空母舰、驱护舰艇、舰载飞机及核动力攻击潜艇等。需求描述中"包含"、"组成"、"分为……部分"等词常意味着聚合关系。

（4）组合关系

表示类之间整体和部分的关系，但是组合关系中部分和整体具有统一的生存期。一旦整体对象不存在，部分对象也将不存在。部分对象与整体对象之间具有共存亡的关系。

组合和聚合的区别在于：聚合关系是"has-a"关系，组合关系是"contains-a"关系；聚合关系表示整体与部分的关系比较弱，而组合比较强；聚合关系中代表部分事物的对象与代表聚合事物的对象的生存期无关，一旦删除了聚合对象不一定就删除了代表部分事物的对象。组合中一旦删除了组合对象，同时也就删除了代表部分事物的对象。

在C++语言中，从实现的角度讲，聚合可以表示为：

class A ｛...｝

class B ｛A * a;……｝

即类 B 包含类 A 的指针；

而组合可表示为：

class A ｛...｝

class B ｛A a;……｝

即类 B 包含类 A 的对象。

（5）泛化关系

泛化定义一般元素和特殊元素之间的分类关系。在商业中，个人客户和团体客户都是客户，他们有区别也有很多相似之处，这是泛化的典型例子。可以把他们的相似之处放到客户类（超类型）中，用个人客户和团体客户作为它的子类型。

（6）依赖关系

依赖表明某个元素的变化将对其他元素产生影响。如果一个类为其他类提供服务，可采用依赖关系描述客户类对服务提供者要求的服务。

类图几乎是所有面向对象方法的支柱。这里简单介绍了有关类图的一些概念，在项目的不同开发阶段，应当使用不同的观点来画类图。如果处于分析阶段，所画的类图描述的是应用域中的概念，这些概念与实现它们的类有关系，但是通常并没有直接的映射关系；当开始着手软件设计时，我们考察的是软件的接口部分，主要考察的是接口的类型，这个接口可能因为不同的实现环境、不同的运行特性而具有很多种不同的实现；只有在考察某个特定的实现技术时，才有严格意义上的类的概念，使用类图的最大危险是过早地陷入实现的细节。下面我们给出建立类图的步骤：

① 研究分析问题领域，确定系统需求。类的识别是一个需要大量技巧的工作，寻找类的一些技巧包括：名词识别法；根据用例描述确定类；使用 CRC 分析法；根据边界类、控制类、实体类的划分来帮助分析系统中的类；参考设计模式确定类；对领域进行分析或利用已有领域分析结果得到类。

② 确定类，明确类的含义和职责、确定属性和操作。

③ 确定类之间的关系。

10.2.3　对象图

对象图是类图的一种变形。如图 10 - 4 所示，除了在对象名下面要加下画线以外，对象图中所使用的符号与类图基本相同。二者的区别在于对象图展示的是类的实例，而不是类本身，因此，对象图是对类图的一种实例化。一张对象图表示的是与其对应的类图的一个具体实例，即系统在某一时期或者某个特定时刻可能存在的具体对象实例以及它们相互之间的具体关系。有时，为了明确说明某个对象的类型，可以在对象名之后加上一个冒号（"："）和该对象所属类的名称。

对象图并不像类图那样具有重要的地位，但是利用它可以帮助我们通过具体的实例分析，更具体直观地了解复杂系统的类图所表达的丰富内涵。对象图还常常被用作协作图的一部分，用以展示一组对象实例之间的动态协作关系。

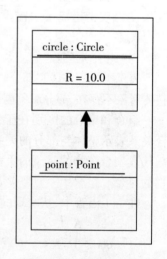

图 10 - 4　对象图

10.2.4　状态图

状态图刻画对象在其生命周期内接受激励后经历的一系列状态，UML 的状态图以 David Harel 的状态图为基础，包括一系列的状态和状态间的转移。

状态图由对象的各个状态及各个状态之间的转换连线组成。对象的状态用圆角矩形表示,并在圆角矩形内写上状态的名称。状态的转变用有向连线表示,连线上标注出引发状态变化的条件或消息。图 10 - 5 给出状态图的模型图。

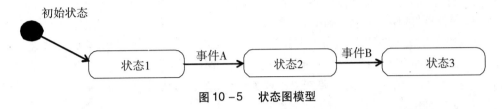

图 10 - 5　状态图模型

（1）状态

状态是对象执行了一系列活动的结果。当某个事件发生后,对象的状态将发生变化。状态图中定义的状态有:初态、终态、简单状态、复合状态。其中,初态是状态图的起始点,终态是状态图的终点。简单状态不可进一步细化,而复合状态可以进一步地细化为多个子状态。简单状态和复合状态包括两个区域:名字域和动作域(可选),动作域中所列的动作将在对象处于该状态时执行,且该动作的执行不改变对象的状态。

复合状态可以进一步地细化为多个子状态,子状态之间有"或关系"和"与关系"两种关系。"或关系"说明在某一时刻仅可到达一个子状态。"与关系"说明复合状态中在某一时刻可同时到达多个子状态(称为并发子状态)。

图 10 - 6 显示了一个描述 CD 播放机的行为的完整的状态图,在"未播放"复合状态中加入了一个初始状态,还加入了一个历史状态,表示在没有 CD 播放时按下停止按钮没有作用,不会引起播放机的状态改变。

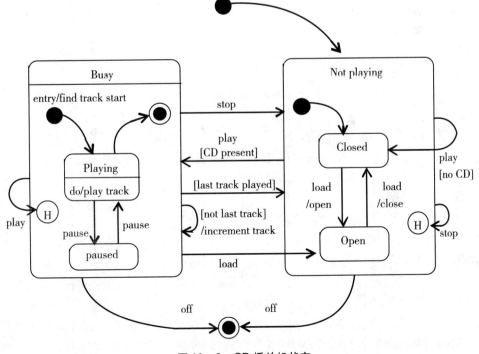

图 10 - 6　CD 播放机状态

（2）转移

状态图中状态之间带箭头的连线称为转移。状态的变迁通常是由事件触发的,此时应在转移上标出触发转移的事件表达式。如果转移上未标明事件,则表示在源状态的内部活动执行完毕后自动触发转移。

（3）守卫条件（Guard – Condition）

守卫条件是状态转移中的一个布尔表达式。如果将守卫条件和事件说明放在一起使用的话,则当且仅当事件发生且布尔表达式成立时,状态转移才发生。如果状态转移只有守卫条件这一个条件,则只要守卫条件为真,状态转移就发生。

（4）动作表达式

动作表达式是一个过程表达式,当状态转移开始时执行。它可以由对象(拥有所有状态的对象)的操作和属性组成,也可以由事件说明中的参数组成。在一个状态转移中,允许有多个动作表达式,但是多个运作表达式之间必须用斜杠(/)分隔开。动作表达式按指定顺序(从左至右)一个一个地执行。不允许有嵌套的动作表达式或递归的动作表达式。但是,只带一个动作表达式的状态转移是可能的。

（5）事件

事件指的是发生的且引起某些动作执行的事情。例如,当你按下 CD 机上的 Play 按钮时,CD 机开始播放(假定 CD 机的电源已开,已装入 CD 盘且 CD 机是好的)。在此例中,"按下 Play 按钮"就是事件,而事件引起的动作是"开始播放"。当事件和动作之间存在着某种必然的联系时,我们将这种关系称为"因果关系"。在软件工程中,我们常常需要模型化具有这种因果关系的系统。有些情况则不是因果关系,如"一个人在高速公路上高速行驶"和"警察让他停下"之间就不能算是因果关系,因为动作"警察让他停下"不一定发生,因而在这两者之间不存在着必然的联系。

UML 中有四类事件:

条件成真:即状态转移上的守卫条件。

收到另一个对象中的信号:信号本身也是一个对象。在状态转移中,表示为事件说明。这类事件也称作消息。

收到另一个对象(或对象本身)的操作调用:在状态转移中,表示为事件说明。这类事件也称为消息。

经过指定时间间隔:通常情况下,时间是从另一个指定事件(通常是当前状态的入口)或一给定时间段之后开始计算的。在状态转移中,表示为时间表达式。

10.2.5　顺序图

顺序图以时间顺序显示对象在其生命周期内的交互活动。它只显示参与的对象,而不刻画对象间的上下文关系或对象的属性。顺序图采用两维坐标:垂直轴表示时间,水平轴表示不同的对象。一般情况下,可以把一个用例设计为一个顺序图,用顺序图可以把某个用例(即功能单元)的动作行为顺序描述清楚。图 10 – 7 给出一个简单的顺序图。

顺序图中的对象用一个带有垂直虚线的矩形框表示,并标有对象名和它所属的类名。垂直虚线(即生命线)表示对象的生存时间段。如果对象在该段时间内的某点被删除,对应的生命线就在改点结束,并用"X"标记对象被删除。生命线间的水平有向线段代

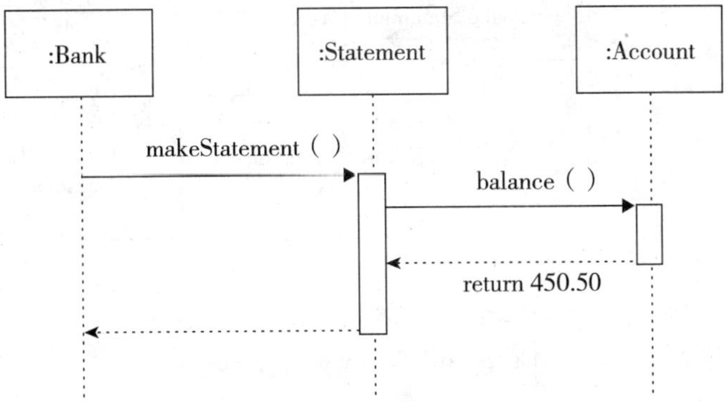

图 10 – 7 一个简单的顺序图

表对象间交互的消息,并用消息名标记。生命线可以被分割为多个并发生命线,每一段代表消息流的一个分支。消息两端的长瘦矩形代表激活,激活描述在一定的时间段内对象执行操作的持续时间。

面向对象技术中,各个对象之间是通过消息来通信的,而且程序中真正操作的数据是类的实例即对象,顺序图正是表达了这种对象之间相互通信的时间顺序。通常情况下,顺序图中每条消息对应的动作就是对象被进一步抽象后产生的类的成员函数。消息也可能是通过一些通信机制在网络上或一台计算机内部发送的真正的报文。消息是连接发送者和接收者的一根箭头线,箭头的类型表示消息的类型。

① 简单消息:表示普通的控制流。它只是表示控制是如何从一个对象传给另一个对象,而没有描述通信的任何细节。这种消息类型主要用于通信细节未知或不需要考虑通信细节的场合。它有时也可以用于表示一个同步消息的返回,也就是说,箭头从处理消息的对象指向调用者,表示控制返回给调用者。

② 同步消息:一个嵌套控制流,典型情况下表示一个操作调用。处理消息的操作在调用者恢复执行之前完成(包括任何在本次处理中发送的其他消息)。返回可以用一个简单消息来表示,或当消息被处理完毕隐含地表示。

③ 异步消息:异步控制流中,没有直接的返回给调用者,发送者发送完消息后不需要等待消息处理完成而是继续执行。在实时系统中,当对象并行执行时,常采用这类消息。

10.2.6 协作图

图 10 – 8 是与图 10 – 7 中的顺序图相对应的协作图。协作图也是用来描述对象与对象之间消息连接关系的,但是它更侧重于说明哪些对象之间有消息传递,而不像顺序图那样侧重于在某种特定情形下对象之间传递消息的时序性。在协作图中,对象同样用一个对象图符来表示,箭头表示消息发送的方向。消息先后顺序不能图形化地显示,而是通过给消息编号来指出它们的发送次序。消息可以按顺序编号,但更常见的是用层次的编号方法。图中所示的例子中,消息不是编号为 1 和 2,而是 1 和 1.1。

协作图不包括激活末端的返回箭头,因为这会使该图复杂到不能接受的程度。从消息返回的数据可以放在消息名的前面,中间用赋值号":="隔开。

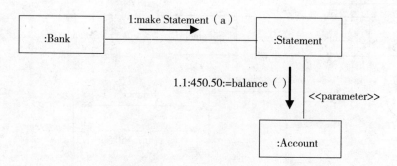

图 10 - 8　一个简单的协作图

不同的软件工程师可能偏好不同形式的交互图。例如,有些人喜欢使用顺序图,因为顺序图突出执行的时序,能更方便地看出事情发生的次序。也有些人更喜欢协作图,因为协作图的布局方法能更清楚地表示出对象之间静态的连接关系。如何选择呢? 一个最基本的原则是用哪种图更简明清楚则选用哪种图。当消息中有太多的条件或循环时,交互图就失去其简明性了。如果想在一张图中表示复杂的行为,则应当使用活动图。

10.2.7　活动图

活动图的应用非常广泛,它既可描述操作的行为,也可以描述用例和对象内部的工作过程。活动图是状态图的一种特殊形式,是由状态图变化而来的,它们各自用于不同的目的。活动图依据对象状态的变化来捕获动作与动作的结果。活动图中一个活动结束后将立即进入下一个活动,而在状态图中状态的变迁可能需要事件的触发。活动图是对现实世界中工作流程的建模,有助于理解系统高层活动的执行行为。

活动图中的主要概念是"活动",而"活动"的具体含义又取决于作图目的和抽象层次:

① 当活动图用于描述系统行为时,主要侧重于系统多个用例活动之间相互制约的执行顺序,同时,识别出系统中存在的可以并行进行的用例,此时,活动表示系统要完成的任务;

② 当活动图用于描述用例时,用于描述用例中的操作执行次序和操作完成的结果,显示多个对象的操作是如何相互结合起来共同完成用例的一个脚本,揭示出操作之间的并行性,为编码实现提供开发并行程序的便利,此时,活动表示类中的方法,即操作。允许将某个组织或执行者要完成的若干操作聚集在"泳道"中,以明确责任。

活动图用于低层次程序模块的作用类似于流程图,但活动图还可以描述并行操作,而流程图则只能描述串行操作。

(1)活动和转移

一个操作可以描述为一系列相关的活动。活动包括起始点、结束点、简单活动和组合活动。如果在活动图中使用一个菱形的判断标志,则可以表达活动的条件执行。如果使用一个称为同步条的水平粗线则可以表示并发活动,重要的是所有的并行转移在合并之前(如果它们曾合并)必须被执行。如图 10 - 9 所示的测量仪活动图中,当Run 操作被调用时,发生的第一个动作是初始化。然后是并发执行的两个动作:更新显示和测量。

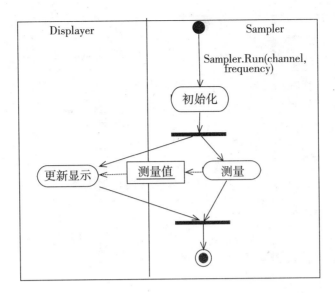

图 10 - 9   测量仪活动图

(2)泳道技术

泳道被用来组合活动。通常情况下,根据活动的功能来组合。泳道可达到以下目的:直接显示动作在哪一个对象中执行,或显示执行的是一项组织工作的哪一部分。泳道用矩形框来表示,属于某个泳道的活动放在该矩形框内,将对象名放在矩形框的顶部,表示泳道中的活动由该对象负责。如图 10 - 9 中,动作更新显示在 Displayer 内执行。动作初始化和测量在 Sampler 内执行。

(3)对象

对象可以在活动图中显示。对象可以作为动作的输入或输出,或简单地表示指定动作对对象的影响。对象用对象矩形符号来表示,在矩形的内部有对象名或类名。当一个对象是一个动作的输入时,用一个从对象指向动作的虚线箭头来表示:当对象是一个动作的输出,时用一个从动作指向对象的虚线箭头来表示。当表示一个动作对一个对象有影响时,只需用一条对象与动作间的虚线来表示。作为一个可选项,可以将对象的状态用中括号括起来放在类名的下面。图 10 - 9 中,“测量”(Measuring)动作给“更新显示”(Updating displayer)动作提供测量值(测量值是一个对象)。

(4)信号

在活动图中可以表示信号的发送与接收,分别用发送标志和接收标志来表示。发送和接收标志也可与对象相连,用于表示消息的发送者和接受者。发送和接收符号可以同消息的发送对象或接收对象联系在一起,具体表示方法是从发送或接收符号画一条虚线箭头到对象。如果是发送符号,则箭头指向对象;如果是接收符号,则箭头指向接收符号。发送符号是凸出五边形,而接收符号为凹入五边形,如图 10 - 10 打印机活动图所示。

活动图最适合支持并鼓励并行行为,这使之成为支持工作流建模的最好工具。原则上,它也是支持多线程编程的有力工具。它的最大缺点是很难清楚地描述动作与对象之

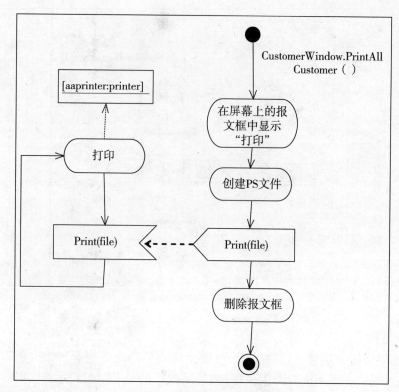

图 10 – 10   打印机活动图

间的关系,虽然在活动旁标出对象名或者采用泳道技术可以定义这种关系,但活动图仍然没有交互图那样简单直接。

10.2.8   构件图

面向对象设计表示法最初集中在文档化面向对象程序的逻辑结构。然而,随着 UML 的发展,也试图捕捉软件的更多物理特性的表示法。一个系统的物理设计可以用 UML 中的实现图表达。UML 定义了两种实现图,构件图和部署图。构件图显示了组成系统的各种构件之间的依赖性,部署图描绘了在一个部署环境中这些构件的位置是怎样安排的。

程序员一般在谈到类和实现类的代码时好像它们是相同的东西,但这二者之间的区别是很重要的。如果开发的程序要在多个环境中运行,也许是在不同的操作系统平台上,那么同样的类可能需要以多种方式,或许甚至是用不同的编程语言来实现。为了明确这个区别,UML 定义了构件的概念,又称组件。

一个构件定义为一个系统的可部署的和可替换的部分,它封装了某些实现细节也清楚地展现了确定的接口。定义构件的动机之一是,为了使用构件来组装系统和用另一个构件或改进过的构件取代一个构件。

在 Java 程序设计的语境下,作为编译 Java 源代码文件的结果产生的类(. class)文件,是符合构件的定义的。一个 Java 类文件是一个物理文件,它可以作为系统的一部分部署,如果该源代码被更新,可以用重编译的版本替换。它封装了它所包含的一个或多个类的实现并支持该类的方法定义的接口。图 10 – 11 给出了一个构件的示例,此构件是用类文件名来标注的,在图标左边的小矩形表示该构件的接口。

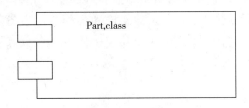

图 10 – 11 构建示例

Part. class 对应的 Part. java 源文件本身看来并不符合构件的定义。由于源代码的商业价值,许多部署的软件系统常常并不包括源代码。源代码是编译时的实体而不是运行时的实体,所以至少从某种意义上说不是系统的一部分,所以事实上也不能说封装了细节和展现了接口。更自然的看法是,源代码是一个"制品",对应于类文件的构件可以从这个"制品"中建造。UML 定义"制品"为信息的物理部分,主要是各种不同种类的文件和数据库表。这里必须说明的是,"制品"的概念是最近才引入 UML 的,在文献中用的并不广泛。在引入"制品"之前,建立任何物理实体模型的方式只有构件。如图 10 – 12 所示的构件图,将. cpp 文件也作为构件对待,显示了构件之间的依赖关系以及软构件间的接口和调用关系。

图 10 – 12 的构件图中显示了用依赖性链接的构件,这种依赖性典型地表示构件之间的编译依赖。在两个源文件之间,如果要编译一个,另一个必须是可用的,那么二者之间存在编译依赖。编译依赖对系统的非功能质量有重要影响,特别是对可测试性和可维护性,如果把一个程序的文本分成多个源文件,改变的结果可能只限于重新编译整个程序的一小部分。这种习惯做法在使程序易于阅读和维护方面也带来很大好处,也可以缩短开发时间。

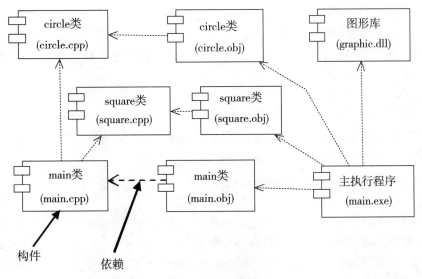

图 10 – 12 构件图

10.2.9 部署图

在 UML 中,配置图描述系统中硬件和软件的物理配置情况和系统体系结构。在配置图中,用节点表示实际的物理设备,如计算机和各种外部设备等,并根据他们之间的连接关系,将相应的节点连接起来,并说明其连接方式。在节点里面,说明分配给该节点上运行的可执行构件或对象,从而说明哪些软件单元被分配在哪些节点上运行,如图 10 – 13 所示。

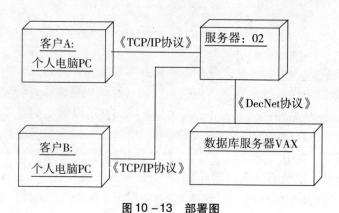

图 10 – 13 部署图

思考题

10 – 1 为什么说 UML 是一种建模语言,而不能称作一种实现?

10 – 2 UML 主要内容与软件工程的对应关系?

10 – 3 如何对 UML 中的十种图进行分类?

10 – 4 请使用用例图描述一个你所熟悉的系统。

10 – 5 试论用例图在 UML 中的地位和作用。

10 – 6 什么是状态图? 它主要有哪些用途?

10 – 7 什么是活动图?

10 – 8 交互图包含哪些内容?

10 – 9 部署图的主要用途是什么? 为什么在软件模型中要描述软件在硬件环境中的部署情况?

习 题

10 – 1 试用顺序图描述甲给乙拨打一次电话的过程。

10 – 2 试用协作图描述上题中的情形。

10 – 3 试用状态图描述一辆汽车的运行状态,给出驾驶员每一个动作所对应的汽车状态的变化。

10 – 4 试用活动图描述财务部门的一项典型业务的处理流程,如,某项工程项目的财务预算申请、审批、费用支付、报销和结算的业务流程。

10 – 5 网络用户被授权使用某几个工作站。对每台这样的机器,给用户一个账户和密码。画一个描述这种情形的类模型,并讨论你所作的假设。

10-6 设想一个有很多书籍的图书馆。每本书都包含一个参考书目,每个参考书目由许多对其他书籍的引用组成。典型地,一本书可以被多处引用,因此一个引用可以出现在多个参考书目中。为这种情形画一个类图,并讨论在图中聚合可能的使用。

10-7 很多字处理器,图形编辑器,以及类似的工具通过某种剪贴板功能提供了剪切、复制和粘贴操作。在运行时,这种系统包含一个"编辑器"类的实例,该实例链接到"元素"类的多个实例。元素是由工具操纵的对象,例如文字或图形。编辑器还被链接到"剪贴板"类的一个实例,该实例维护着已经放在剪贴板上的所有元素的链接。要求如下:

(1)画一个协作图显示这样的结构:几个元素由编辑器显示,一个元素在剪贴板上。假定选中的元素由来自编辑器的一个附加链接确定。

(2)画一个顺序图,说明当编辑器收到来自客户的剪切消息时发生些什么。这个结果是所有当前选择的元素被移到剪贴板。

(3)画一个顺序图,说明当编辑器收到来自客户的粘贴消息时发生些什么。这个结果是剪贴板上的所有元素被移回编辑器。

(4)画一个顺序图,说明当编辑器收到来自客户的复制消息时发生些什么。这个结果是所有当前选择的元素被复制到剪贴板。

(5)为你的每个答案画出等价的协作图。

10-8 本章 CD 播放机的描述中,对它如何记录哪个是当前曲目的细节还不明确。假定 CD 播放机有一个称为"曲目计数器"(track counter)的属性,其行为如下:

(1)抽屉中没有 CD 的时候,曲目计数器置为 0。当检测到 CD 时,曲目计数器置为 1;这在检测到装入或播放事件后实际关闭抽屉的时候发生。无论何时进入忙碌状态,曲目计数器决定定位于哪个曲目开头,并从而确定播放哪个曲目。

(2)标注为"前进"(forward)和"后退"(back)的两个按钮允许用户手工调节曲目计数器。如果抽屉中没有 CD,这些按钮不起作用。否则,按下"前进"曲目计数器递增,而按下"后退"减少。当 CD 播放机处于忙碌状态时,按下这两个按钮之一会使播放头立即移动到所要求曲目的开始。

根据这些描述,扩充图 10-5 中的状态图,以对此行为建模。

第 **11** 章

画笔程序设计

本章将通过一个实例来说明在一个应用中如何使用 UML。通过前面的讨论,首先在分析模型中用用例和域分析来描述应用。然后将分析模型扩展成设计模型,描述技术上的解决方案;最后,用VC++语言编程,具体实现可以运行的应用。有一点需要说明的是本章中讨论的例子,并不包括所有的模型和图。

本章将以画笔程序为例,并给出一个从需求获取到实现的完整开发过程。虽然它算不上是一个大的应用,但可以对它作许多扩展。本章的案例研究的目的主要有三个:

① 演示在一个完整的应用中如何使用 UML:从分析到设计模型到真正的代码和可运行的应用。

② 说明用 UML 建模时使用的工具。

③ 有兴趣的读者,可以根据本章中讨论的方法对模型进行扩展,从而达到提高应用 UML 的水平。

注意,本章给出的仅仅是一个可能的解决方案。可能还有许多其他的方案,不存在一个适用于所有环境的正确的解决方案。如果读者想对初始的模型作些改变,尽管去做。目的只有一个,产生满足需求且工作正常的系统,而不是产生在所有细节上都很完美的图。

11.1   开发背景

本程序开发的主要目的,是帮助计算机用户利用计算机完成基本的图形绘制和编辑。那么,如何进行画笔程序的开发呢? Windows 操作系统的图形界面有目共睹,几乎输出到屏幕上的东西都是图形,包括文本在内。Windows 提供给编程者大量图形操作相关的函数,MFC 将这些图形操作函数进行了很好的封装,关于 Windows 和 Visual C++ 中图形操作方面的相关知识前面已有详细介绍,这里不再介绍。

11.2   理解需求

本节是一份典型的文本需求说明,是为系统的终端用户或客户而写的。

画笔程序主要的功能包括:用户可以使用鼠标在屏幕上绘制出各种形状图形;可以用鼠标实现图形对象的放大和缩小;可以调整图形对象的位置;可以选择某个图形对象;可以删除某个图形对象;可以把绘制好的图形以文件的方式存储起来。下面对每个功能进行描述,便于更详细地了解本系统即将完成的工作。

11.2.1　绘制功能

1. 概述

这个部分是整个程序的主要功能,要求在系统中以各种图形工具的形式给出。用户只要选择了其中的图形工具,然后只要用鼠标在屏幕上的某个位置点按下并拖动,那么这个图形对象就可以绘制在这个位置上。

画图软件的基本功能包括基本图形绘制和填充(直线、椭圆、三角形、四边形、多边形),更改图元绘制条件(改变线条颜色、线型、填充方式)和图元的保存功能。要求:实现所见即所得绘图功能;实现图元选择功能;实现图元移动功能;实现画笔和画刷风格认定功能;实现图元修改功能;实现图形文件的存储功能。

2. 操作方式

需要提供工具栏和菜单两种操作方式,提供绘制点、线、矩形、椭圆等图形的工具。

3. 其他要求

当通过选择某个菜单或工具栏中的按钮改变了当前绘制的图元类型时,还要求能通过改变鼠标的形状来示意当前的状态。

11.2.2　图形编辑功能

1. 概述

当使用系统提供的图形工具绘制出图形后,要求能够对绘制区中的图形进行一些简单的编辑,图形编辑的功能主要包括以下几个部分:

(1)放大/缩小;

(2)修改颜色;

(3)移动位置;

(4)置前/置后;

(5)编辑线性;

(6)删除;

(7)复制和粘贴;

(8)选取。

下面对每个功能要求进行详细的概述。

2. 选取

这个功能是其他编辑功能中的前提功能,因为不管是放大也好,缩小也好,还是其他的对某个或某些图形对象的操作都建立在此功能的基础上。道理很简单,就是首先要确定编辑的是哪个图形对象,并且要实现多选功能。

操作要求:要求鼠标点按到图形对象所在的区域时,此对象处于选取状态,也就是说,要用另外一种状态来表示目前这个图形对象是处于被选取状态。

多选功能的操作方式,可以采用 Windows 中文件浏览器选取文件的操作方式,按下键盘上的【Shift】键,然后用鼠标点按要选取的图形对象。

3. 放大/缩小

要求绘出的图形对象能够任意地进行放大缩小,而且不失真。

具体的操作要求是:提供"鼠标拖拽"方式的操作方法。当选择了某个图形对象或多个图形对象时,可以拖拉鼠标进行放大、缩小。

当选中了绘制区内的某个图形对象或多个图形对象时,将鼠标放在选中区域的边界上,然后按住鼠标的左键并拖动鼠标,图形会平滑地放缩。

4. 修改颜色

为了区别不同的图形对象或者需要对某些图形对象进行特别的标记,系统要提供使用颜色的不同来区分不同图形对象的方法,也就是能对图形进行颜色的配置。

5. 移动位置

选取绘制区内的某个图形对象或多个图形对象后,将鼠标放在这些元器件中的任意一个上,然后按住鼠标的左键拖动鼠标,在拖动过程中这些图形对象均随着鼠标的光标移动,当鼠标的左键放开后,这些图形对象便被放置在新的位置上,原来位置上的图形对象随之消失。

6. 置前/置后

当几个图形对象叠放在一起,就会发生有些图形被其他图形遮挡住的情形,而这时要选取被挡住的图形对象,怎么办? 这就需要将挡在它前面的图形对象置后;当几个图形对象叠放在一起,但不是全部叠放,这时可以对其中的任意一个图形对象进行选择,但是被选择的图形对象由于被其他图形对象盖住了一部分,因此不能全部显示,这时需要将这个被选择的图形置前。

7. 编辑线型

本系统既然是绘图系统,就应该提供图形线条类型的选择。具体地讲,就是提供多种线型,主要是线宽上的选择。

8. 选择图形对象后进行删除

在绘图过程中,有时会对所做的工作不满意,因此本系统提供删除某些图形对象的功能。当然删除的是那些已经处于选取状态的一个或多个图形对象。

9. 复制和粘贴

一般情况下,图形的种类不外乎我们提供的这几种,而每种图形的个数相对而言是比较多的。如果在绘制过程中是一个一个地绘制,显得有些繁琐,因此本系统提供粘贴和复制功能。复制时需要将图形对象的各种属性进行复制,粘贴时将图形对象按默认位置来绘制。

11.2.3 保存功能

本系统提供保存功能,将绘制出的图形对象保存到文件,需要时再将其读入,并重新在绘图区中显示这些图形。

11.3 分析与设计

分析就是描述系统的需求,通过定义系统中的关键域类来建立模型。分析的根本目的是在开发者和提出需求的人(用户/客户)之间建立一种理解和沟通的机制。因此,典型情况下,分析是开发人员同用户或客户一起来完成的。

分析不受技术方案或细节的限制。在分析阶段,开发人员不应该考虑代码或程序的问题。它是迈向真正理解需求和所要设计的系统的第一步。

11.3.1 用例分析

分析的第一步是定义用例,即描述画笔程序的功能,确定系统的功能需求。用例分析主要涉及阅读和分析规格说明,和系统的潜在用户讨论。

在经过了和用户交互后,我们总结了前一节给出的需求文档,这里我们用 UML 中的用例图来表达这些需求。下面列出本系统中"绘制图形对象"用例的用例图,"选择图形对象"、"移动图形对象"、"删除图形对象"、"复制图形对象"、"改变图形对象前后位置"、"保存图形对象"等用例的用例图这里不再给出,原因是这些用例的用例图和"绘制图形对象"用例图类似,区别只是用例图中的用例名称不同,如图 11 – 1 所示。

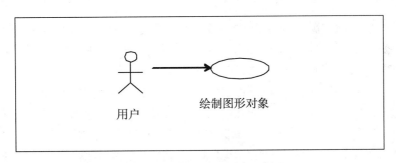

图 11 –1 绘制图形对象用例图

11.3.2 领域分析

在为这个系统建立模型时,我们首先要形成一个概念模型,以便描述领域中的一些基本概念。在这个阶段,先不要考虑软件是怎样工作的,而只需要关心如何将画笔程序使用者头脑中的概念组织起来。为了进行领域分析,需要阅读规格说明和用例,了解系统要处理的概念。或将用户、领域专家组织在一起开一个讨论会,设法确定所有必须处理的概念以及概念间的关系。

在建立领域模型时,首先应该从问题描述和我们所了解的领域知识中抽取出可能与解决问题有关的重要概念。

通常需要对这些概念做一些初步的分析,进一步抽象出一些具有共性的概念。经过分析,发现画笔程序中的域类主要有:图形管理器(Shape Manager)、图形(Shape)、组(Group)、操作(Operator)等。

有一点要强调的是,在本阶段,域类还是处于"草图"状态。定义的操作和属性不是最后的版本,只是在现阶段看来这些操作和属性是比较合适的。一些操作是在顺序图的草图中而不是在用例中定义的。

11.3.3　业务过程分析（活动图）

标准的用例图往往使用简单的图形（如参与者、用例等）和大量的文字体现用户需求和系统功能，文字的出现增加了用例图的阅读者理解图形的难度，进而影响了他们下一步的分析和设计工作。用活动图描绘用例的事务流，能使复杂的用例事务流更容易被理解。但必须指出，在这里活动图是作为用例图文字说明的概括和补充，并不能取代用例图和它的文字说明。下面我们对"选择图形对象"进行活动图分析。

当把图形对象画出来后，无论是移动图形对象还是删除图形对象，还是其他的对图形对象的操作，前提条件就是要确定被操作的对象。在用例分析中，我们给出"选择图形对象"的用例图，但是不能完全表达出这个用例的完成细节，比如用户点按了鼠标的哪个键使图形对象处于选中状态？进行什么样的操作表示单选，进行什么样的操作表示多选？诸如这些问题应该在系统分析与设计阶段确定下来。下面首先对选择图形对象功能的流程进行描述，然后给出使用它的活动图。

鼠标左键在视图上按下时，如果【Shift】没有按下并且鼠标点按在一个已经处于选中状态的图形对象上，并且被选中的图形对象数大于等于 2 个，那么应该进行所有处于选中状态的图形对象移动操作，如果被选中的图形对象数仅 1 个，那么应该对这个选中的图形对象进行单个移动；如果【Shift】键没有按下并且鼠标点按在一个原来没有被选中的图形对象上，那么应该将这个图形对象设置为选中状态，将其他的图形对象全部设置为非选中状态；如果【Shift】键按下并且鼠标点按在一个已经处于选中状态的图形对象上，则将这个图形对象置为非选中状态；如果【Shift】按下并且鼠标点按在一个原来没有处于选中状态的图形对象上，则将这个图形对象置为选中状态；不管【Shift】键是否按下，只要鼠标没有点按在图形对象上，就将所有图形对象置为非选中状态；使用鼠标和键盘对已经画出的图形对象进行选择流程比较繁琐，图 11 - 2 给出了此功能的活动图，可以看出，比文字描述更直观些。

图中描绘了用例的事务流，为复杂的行为和过程进行了建模，勾画出了数据和信息流等。此外，给出的活动图还能在开发周期的后期（即实现和测试阶段）用于系统集成的分析，开发和跟踪测试用例。

11.3.4　交互分析

由顺序图和协作图组成的交互图，用于描述对象之间的动态合作关系以及合作过程中的行为次序。在这里我们选用顺序图来进行交互分析。

顺序图的基础是用例。在顺序图中，说明域类如何协作来操作系统中的用例。很自然地，当建立这些顺序图时，将会发现新的操作，并将它们加到类中，如图 11 - 3 所示。

11.3.5　概要设计

设计的目的是产生一个可用的解决方案，并且能够比较容易地将方案转换成程序代码。分析阶段定义的类被进一步细化，并不断地定义新的类来处理技术方面的问题。

在概要设计中，需用定义包（子系统）、包间的相关性和基本的通信机制。一个很自

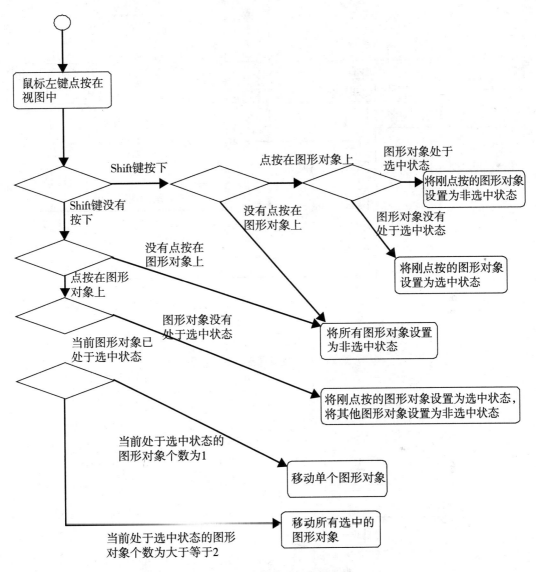

图11-2 选择图形对象活动图

然的要求是,要得到一个清晰而简单的架构。在架构中,相关性要尽可能少,双方相关性要尽可能地避免。一个设计良好的架构是系统可扩展和可改变的基础。

包关心的是某一指定功能域或技术域的处理。将应用逻辑(域类)和技术逻辑分开是很关键的,从而使得任何一个改变不至于对其他部分有太多的影响。在定义架构时,需要描述的关键事情是:标识和建立包间相关性规则使得包间不存在双方相关性(避免包紧耦合在一起);明确必须的标准库和发现要使用的库。在本例中,可考虑将图形管理器(Shape Manager)、图形(Shape)、组(Group)、操作(Operator)等域类放入一个业务对象包中,尽可能避免与 MFC 包紧耦合在一起。

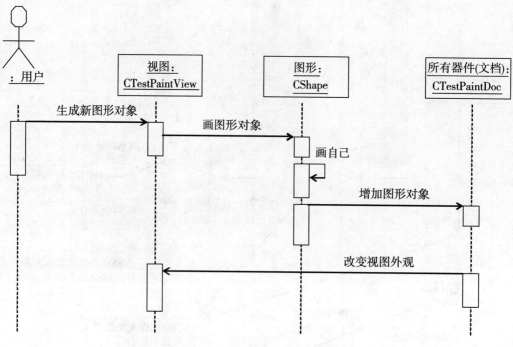

图 11-3　绘制图形对象顺序图

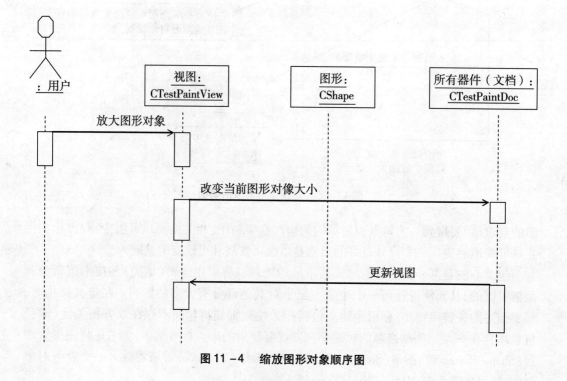

图 11-4　缩放图形对象顺序图

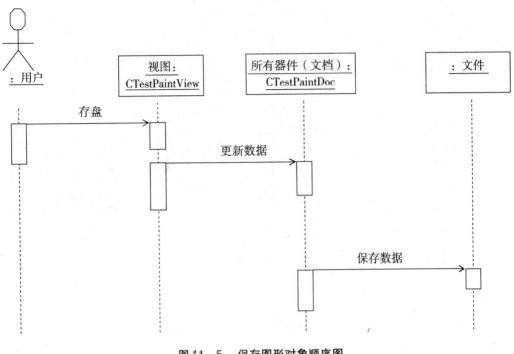

图 11 - 5 保存图形对象顺序图

11.3.6 详细设计

本阶段将包的内容细化,即尽可能详细地描述每一个类,使得编程人员根据它们很容易地编码。

详细设计的目的是描述用户接口,扩展和细化业务对象类的描述(在分析阶段已有初步描述)。详细设计的方法通常是产生新的类图、状态图和动态图(如,顺序图、协作图和活动图)。这些图与分析阶段中的图是一样的,在此阶段,这些图的定义更详细,涉及更多的技术细节。分析阶段的用例描述被用来验证用例在设计中的处理;顺序图被用来说明技术上如何在系统中实现每一个用例。

经过分析与设计阶段中的用例分析及交互图的分析之后,关于本系统中的对象及对象所具有的属性和行为也随着这些步骤的进行而逐笔明确和完善。也就是说,类的抽象工作并不是在前面的用例分析和交互图产生之后,一下子产生的,而是在这些阶段进行过程中一步一步建立起来的,是一个逐步完善的过程。当用例分析和交互图分析结束后,类图基本产生了,下面给出本系统中类的设计方案。

(1)类图概述

根据前面的分析,发现不同的图形有着不同的物理属性和图形外观,这是它们的个性。同时,不同的图形又拥有不少共性的东西,比如,具有颜色、线型等特征。因此,我们利用由具体到一般的原则抽象出相关的类,图 11 - 6 和图 11 - 7 描述了本系统的类图。

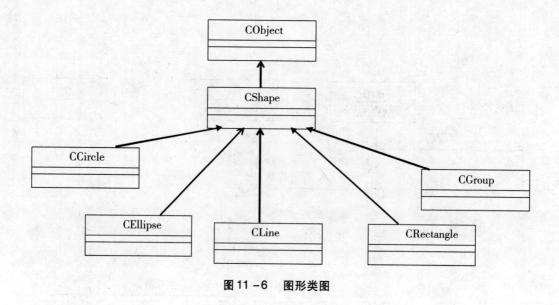

图 11 -6   图形类图

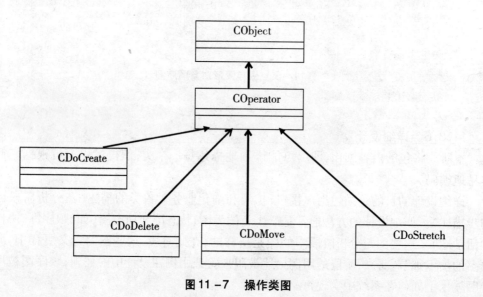

图 11 -7   操作类图

(2)类的详解

下面以 CShape 类为例进行说明,这个类是所有具体图形类的父类,它的属性(即数据成员)包括:

//画笔类型、画笔宽度
int m_nPenStyle, m_nPenWidth;
//画笔颜色、画刷颜色
COLORREF m_crPenColor,m_crBrushColor;
//画刷类型
int m_nBrushIndex;

```
//记录包含图元的最小矩形
CRect m_rect;
……//省略部分代码

//是否缩放
BOOL m_bStretching;
CStretchRectGroup m_groupStretchRect;
```

它的行为即成员函数包括:

```
// 根据鼠标点击的位置判断拉伸方向
virtual SHAPE_STATE StretchState(CPoint pt);
//偏移
virtual BOOL MoveOffset(CPoint ptOffset);
//根据方向拉伸 ptOffset 偏移
virtual BOOL Stretch(SHAPE_STATE state, POINT ptOffset);
//画出包围盒
virtual void DrawBoundingBox(CDC * pDC);
//检测是否被选中
BOOL IsSelected();
//保存文件
virtual void Serialize( CArchive& ar );
……//省略部分代码

//画图操作
virtual void Draw(CDC * pDC);
```

以上为了简便起见,直接以VC11代码的形式对类进行了说明,理论上在编码阶段才确定使用何种编程语言来实现。

11.3.7 用户界面设计

在设计阶段进行的一项特殊活动是产生用户界面,即定义用户界面的"外观和感觉"。这项活动是在分析阶段初始化,且与其他活动分开来做,但同其他的工作同步进行,如何设计成功的用户界面超出了本书的范围,可参考其他的有关文献。

最终的用户界面由一个菜单包和一个图形画面的主窗口组成,从主窗口可以访问到其他所有窗口。一般来说每一个其他的窗口代表系统的某一服务,被映射到对应的初始用例,但并不是所有的用户界面都必须从用例中映射而来。

11.4 编码与实现

编程与实现阶段是指编程实现类,本项目选择VC++来实现系统。对于编码,从下列设计模型中的图获得规格说明：

① 类说明（Class Specifications）：每一个类的规格说明，详细显示必须有的属性和操作；

② 类图：类图显示类的静态结构和类间的关系；

③ 状态图：类的状态图，显示类的所有可能到达的状态，以及需要处理的状态转移（以及触发状态转移的操作）；

④ 动态图（顺序图、协作图、活动图）：显示类中方法的实现，以及其他对象如何使用类的对象；

⑤ 用例图和说明：当开发人员需要了解更多有关如何使用系统的信息时（当开发人员他感到正从细节中迷失时），可以通过该图来了解使用系统的结果。

很自然地，在编码阶段，设计模型中的缺陷可能会体现出来。因此，可能增加新的操作或修改已有的操作，也就是说，开发人员不得不改变设计模型。所有的工程都可能会碰到这种情况。重要的是使设计模型与编码同步起来，使得模型可以作为系统的最终文档。

11.5　测试与部署

当然，必须对应用进行测试。对这个例子而言首先用最初的用例来测试，检查应用是否支持这些用例，以及应用是否按照用例中所描述的那样运行。还需将应用交给用户进行测试。一个大规模的应用则要求更形式化的描述和错误报告。

系统部署是指将系统提交给用户，包括所有的文档。在一个实际的工程中，用户手册和市场描述一般也是文档的一部分。还应该提交一个系统的物理部署图，本例中的系统可以安装在任何支持VC++开发环境的计算机上，物理部署图比较简单，如图 11 – 8 所示。

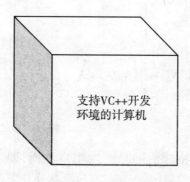

支持VC++开发
环境的计算机

图 11 – 8　部署图

11.6　小结

本章通过一个具体的例子来说明分析模型的产生，并将分析模型扩展和细化成设计模型，最终用VC++来实现系统。虽然不同的阶段和活动看起来好像是分离的以及严格地按一定顺序进行的，但是这项工作在实践中却是可重复的。根据设计中的经验和教训来更改分析模型，根据实现中发现的问题来指导对设计模型的修改。这是最常见的面向对象系统的开发方式。

参考文献

[1] [美]H. M. Deitel、P. J. Deitel 著,施平安译:《C++ 程序设计教程》(第4版),北京:清华大学出版社,2004

[2] 郑莉、董渊、张瑞丰编著:《C++ 语言程序设计》(第3版),北京:清华大学出版社,2003

[3] 徐孝凯编著:《数据结构实用教程》(第2版),北京:清华大学出版社,2006

[4] 侯俊杰著:《深入浅出 MFC》(第2版),武汉:华中科技大学出版社,2001

[5] 李书刚著:《形形色色的自定义消息》,http://blog. csdn. net/hustli/archive/2003/07/07/19364. aspx,2003

[6] 宋宝华著:《Visual C++ 中的异常处理浅析》,http://dev. yesky. com/115/2158115. shtml,2005

[7] 李博轩等编著:《Visual C++ 图形用户界面开发指南》,北京:清华大学出版社,2000

[8] [美]Jeff Prosise 著,北京博彦科技发展有限责任公司译:《MFC Windows 程序设计》(第2版),北京:清华大学出版社,2002

[9] [美]Feng Yuan 著,英宇工作室译:《Windows 图形编程》,北京:机械工业出版社,2002

[10] 陈建春著:《矢量图形系统开发与编程》,北京:电子工业出版社,2004

[11] [美]B. Bruegge、A. H. Dutoit 著,吴丹、唐忆、申震杰译:《面向对象的软件工程》,北京:清华大学出版社,2002

[12] [美]Martin Fowler、Kendall Scott 著,徐家福译:《UML 精粹》(第二版),北京:清华大学出版社,2000

[13] 李强、贾云霞编著:《Visual C++ 项目开发实践》,北京:中国铁道出版社,2003

[14] 蒋慧、吴礼发、陈卫卫编著:《UML Programming Guide 设计核心技术》,北京:北京希望电子出版社,2001

[15] 张怡芳、杨秀金著:《现代软件工程与 UML 关系概述》[J],浙江万里学院学报,2003,(10)

[16] 《CSDN 社区中心》,http://community. csdn. net/